자율주행차량 센서 기반 운전면허시험 채점 자동화 연구

도로교통공단교통과학연구원
강윤원, 박성준, 김태근

목 차

목차 ·· i
표 목차 ··· iv
그림 목차 ··· vii
요약 ··· ix

Ⅰ 연구 개요

1. 연구의 배경 및 목적 ·· 3
2. 연구의 범위 ·· 5
3. 주요 연구내용 및 연구방법 ·· 5
4. 연구수행절차 ·· 6

Ⅱ 채점시스템 현황

1. 장내기능 채점시스템 ·· 9
   1) 통제실 시스템 ·· 9
   2) 차량탑재 시스템 ·· 10
2. 장내기능 채점항목 ·· 13
3. 도로주행 채점시스템 ·· 15
   1) 자료전송컴퓨터 ·· 15
   2) 채점용 휴대컴퓨터 ·· 17
   3) 차량탑재장치 ·· 19
4. 도로주행 채점항목 ·· 20

Ⅲ 채점빈도 분석 및 설문조사

1. 도로주행 채점빈도 분석 33
2. 운전면허 시험관 의견 조사 36
   1) 장내기능 채점항목 및 채점시스템 개선사항 36
3. 자율주행 전문가 의견 조사 42

Ⅳ 자율주행 센서와 첨단기능

1. 자율주행 시스템 개요 47
2. 자율주행 센서 종류 49
   1) 카메라 (Camera) 49
   2) 라이다 (LiDAR, Light Detection And Ranging) 51
   3) 레이다 (Radar, Radio Detection And Ranging) 52
   4) 초음파 센서 (Utrasonic Sensor) 53
   5) 자율주행 기타 센서 54
   6) 자율주행 센서 장단점 종합 56
3. 자율주행 첨단 기능 57
   1) 자율주행 객체 인식 (컴퓨터 비전 기술) 57
   2) 자율주행 위치 인식 (정밀 측위 기술) 58
   3) 국토부 자율주행 첨단 기능 관련 규정 59

Ⅴ 운전면허시험 채점기준 검토

1. 채점기준 검토 항목 선정 65

2. 도로주행 끼어들기 금지 위반 (7점) -- 66
3. 도로주행 서행 위반 금지 (10점) --- 67
4. 신호 없는 교차로 양보 불이행 (7점) -------------------------------------- 70
5. 횡단보도 직전 일시정지 위반 (10점) -------------------------------------- 72
6. 신호지시 위반 (실격) --- 74
7. 긴급자동차 진로 미양보 (실격) -- 77
8. 어린이통학버스 보호 위반 (실격) --- 78

Ⅵ. 운전면허시험 채점방안 검토

1. 장내기능시험 채점방안 검토 -- 83
   1) 대안 1 - 어라운드 뷰 카메라 (AVM, Around View Monitor) ------------- 84
   2) 대안 2 - ㈜네오정보시스템의 RTK-GNSS ------------------------------ 84
2. 도로주행시험 채점방안 검토 -- 87
   1) 자율주행 객체인식 활용 채점방안 -------------------------------------- 87
   2) 부분 자율주행시스템을 활용한 채점방안 --------------------------------- 90
   3) 운전자 모니터링 시스템을 활용한 채점방안 ------------------------------ 94
   4) 기타 센서를 활용한 채점방안 --- 96

Ⅶ. 결론 및 향후 과제

참고문헌 -- 102
부 록 --- 105

표 목차

〈표 1-1〉 우리나라 운전면허 종별 소지자 및 면허시험 현황 ·················· 5
〈표 2-1〉 장내기능시험 채점항목 (1, 2종 보통) ······································ 13
〈표 2-2〉 장내기능시험 채점기준 (1, 2종 보통) ······································ 14
〈표 2-3〉 도로주행시험 채점항목 (1종, 2종 보통) ································· 20
〈표 2-4〉 도로주행시험 채점기준 (1종, 2종 보통) ································· 23
〈표 3-1〉 2021년 도로주행시험 채점빈도 (1종, 2종 보통) ···················· 33
〈표 3-2〉 도로주행 시험장간 채점빈도(%) 차이 t-검정결과 ··················· 35
〈표 3-3〉 운전면허시험 시험관 설문조사 장소 및 수량 ··························· 36
〈표 3-4〉 수동 채점항목별 자동화 가능성에 대한 전문가 의견 ················ 43
〈표 3-5〉 수동 채점항목별 자동화를 위한 센서에 대한 의견 ··················· 44
〈표 4-1〉 제조사별 센서 적용 개수 ·· 53
〈표 4-2〉 국가별 GNSS 운용 현황 ·· 55
〈표 4-3〉 DGPS와 RTK 차이 ··· 55
〈표 4-4〉 자율주행차에 사용되는 센서 종류별 장단점 비교 ····················· 56
〈표 4-5〉 첨단 운전자 지원시스템(ADAS) 평가방법 ······························· 60
〈표 4-6〉 운전자 지원 첨단 조향장치(ADASS) 평가방법 ························ 61
〈표 4-7〉 국토부 자율주행 기능 관련 안전기준 개정 현황 (2020) ········· 62
〈표 4-8〉 부분 자율주행시스템 안전기준 내용 ·· 62
〈표 5-1〉 도로주행 채점 자동화를 위한 채점기준 검토 항목 ··················· 65
〈표 5-2〉 끼어들기 금지 위반 채점 기준 (7점) ······································· 67
〈표 5-3〉 서행 위반 채점 기준 (10점) ·· 69
〈표 5-4〉 신호 없는 교차로 양보 불이행 채점 기준 (7점) ····················· 71
〈표 5-5〉 횡단보도 직전 일시정지 위반 채점기준 (10점) ······················· 74
〈표 5-6〉 신호 지시 위반 채점기준 (실격) ·· 76
〈표 5-7〉 긴급자동차 진로 미양보 채점 기준 (실격) ······························ 77
〈표 5-8〉 어린이통학버스 보호 위반 채점 기준 (실격) ··························· 79
〈표 6-1〉 장내기능시험 공기압 센서 사용 및 수동 채점항목 ··················· 83

〈표 6-2〉 객체인식을 활용한 도로주행 자동 채점방안 -------------------------------- 89
〈표 6-3〉 전방 최소안전거리(S)에 대한 UN Regulation 157 및 국내기준 비교 ---- 91
〈표 6-4〉 사람인지반응시간과 부분 자율주행시스템 지연시간 비교 -------------------- 93
〈표 6-5〉 부분 자율주행시스템을 활용한 도로주행 자동 채점방안 -------------------- 94
〈표 6-6〉 운전자 모니터링 시스템을 활용한 도로주행 자동 채점방안 ---------------- 96
〈표 6-7〉 관성측정장치를 활용한 도로주행 자동 채점방안 ---------------------------- 96

그림 목차

[그림 1-2] 연구수행절차 ··· 6
[그림 2-1] 장내기능 채점시스템 개요 ·· 9
[그림 2-2] 장내기능 채점시스템 사용 센서 ··· 12
[그림 2-2] 장내기능 시험코스 노면센서 위치 (확인선 및 검지선) ··· 12
[그림 2-3] 도로주행 채점시스템 구성도 ·· 15
[그림 2-4] 도로주행 채점 예시 ·· 22
[그림 3-1] 장내기능 채점항목 개선사항 ·· 36
[그림 3-2] 장내기능 센서 개선사항 ·· 36
[그림 3-3] 도로주행 채점항목 개선사항(자동) ···································· 37
[그림 3-4] 도로주행 채점항목 개선사항(수동) ···································· 37
[그림 3-5] 장내기능 전반적 개선사항 ·· 38
[그림 3-6] 도로주행 전반적 개선사항 ·· 38
[그림 3-7] 도로주행 미채점 사유 ·· 39
[그림 3-8] 도로주행 채점기준 개선 (긴급차량, 스쿨버스) ················ 40
[그림 3-9] 도로주행 채점기준 개선 (서행 위반, 횡단보도 일시정지) ······· 41
[그림 3-10] 도로주행 채점기준 개선 (신호지시 위반) ······················· 41
[그림 3-11] 자동화 가능성에 대한 의견 ·· 42
[그림 3-12] 자동화에 필요한 센서 의견 ·· 42
[그림 4-1] 자율주행 시스템 구조와 센서 ·· 47
[그림 4-2] 자율주행 인식 센서별 기능 (출처 : 호남대 신문 443호) ······· 48
[그림 4-3] 자율주행 단계별 차량센서 위치 ·· 48
[그림 4-4] 카메라 차량 및 표지판 인식 예시 (출처 : BMW 코리아) ······· 50
[그림 4-5] 스테레오 카메라 거리 측정원리 ·· 50
[그림 4-6] 라이다 센서의 3D 입체 지도 예시 (출처 : Velodyne) ······· 51
[그림 4-7] 레이더 거리 및 속도 측정 방식 (출처 : 한국자동차공학회) ······· 52
[그림 4-8] 레이더 센서가 작동하는 이미지 (출처 : 현대모비스) ····· 52
[그림 4-9] 주차 보조 시스템 (출처 : (주)만도) ··································· 53

[그림 4-10] 관성측정장치 (IMU) ··· 54
[그림 4-11] 심층 컨볼루션 신경망(CNN)을 이용한 표지판 탐지 ·················· 57
[그림 4-12] LDM (Local Dynamic Map) 개념도 (출처 : 현대 오토비전 제공) ··· 59
[그림 5-1] 끼어들기 관련 위반 여부 (출처 : 티스토리) ······························ 66
[그림 5-2] 교차로 방향별 차로위반 적용 현황 ··· 75
[그림 5-3] 지시표지 (국제협약에서는 규제표지(Mandatory Sign)) ················ 76
[그림 5-4] 긴급자동차 진로 관련 길터주기 요령 (출처 : 카카오 블로그) ········· 77
[그림 5-5] 스쿨버스 보호 위반 관련 차로별 일시정지 요령 (출처 : 소셜포커스) ····· 79
[그림 6-1] 장내기능시험 직각주차 검지선(공기압) 시스템 구성 ···················· 83
[그림 6-2] 어라운드 뷰 시스템 (출처 : 내화 모터스) ································ 84
[그림 6-3] RTK - GNSS System (출처 : (주)네오정보시스템) ····················· 86
[그림 6-4] 옵션 소프트웨어 NEO-VMS (출처 : (주)네오정보시스템) ············· 86
[그림 6-5] 컴퓨터 비전 작동 원리 ·· 88
[그림 6-6] 영상인식센서 기술 ··· 88
[그림 6-7] 부분 자율주행시스템 차로변경 가능 영역 ································ 92
[그림 6-8] 운전자 모니터링 시스템 개별 모듈 개요 ································· 95
[그림 6-9] 카메라 기반 운전자 모니터링 시스템 예시 (출처 : SMART EYE) ········ 95
[그림 6-10] 관성측정장치(IMU)의 측정 요소 ·· 96

요 약

우리나라 운전면허시험은 학과시험, 장내기능, 도로주행 3개 부문으로 구성되어 있다. 운전면허시험의 자동화로 효율적으로 운영되고 있으나 장내기능의 경우 1980년 도입되어 노후화에 따른 대체 필요성이 제기되었고, 도로주행의 경우 총 57개 채점항목 중 35개가 아직 수동으로 채점되고 있어 공정성과 신뢰성에 있어 자동화 비율 제고에 대한 지속적인 요구가 있어 왔다.

본 연구에서는 제4차 산업혁명 시대를 맞이하여 자율주행 센서와 첨단기능을 활용하여 장내기능 채점시스템의 대체방안과 도로주행 채점시스템의 자동화 방안 제고를 목적으로 연구하였다. 우선, 현재 운전면허시험의 채점시스템 현황에 대한 내용을 정리하였고, 운전면허시험 채점빈도 분석과 운전면허 시험관과 자율주행 전문가를 대상으로 설문조사를 수행하여 장내기능에서는 공기압 센서 대체와 채점기준 개선이 필요하고, 도로주행은 자율주행 센서와 첨단기능을 활용하여 자동화 비율을 제고할 수 있음을 검토하였다.

1. 운전면허시험 채점기준 검토

운전면허시험 채점 자동화를 위해 기존 채점항목 중 채점기준이 불명확하고 채점빈도가 낮은 채점항목에 대해 도로교통법을 근거로 현재 운전면허시험장에 적용하고 있는 운전면허시험 매뉴얼에 대한 개선 사항을 다음과 같이 도출하였다.

- 장내기능 3개 수동 채점항목 기준은 명확하여 채점기준 검토에서 제외
- 도로주행 35개 수동 채점항목 중 개선이 필요한 7개 채점기준 검토
  ① 끼어들기 금지 ② 서행 위반 ③ 신호 없는 교차로 양보 불이행
  ④ 횡단보도 직전 일시정지 ⑤ 신호지시 위반 ⑥ 긴급자동차 진로 미양보
  ⑦ 어린이 통학버스 보호 위반
- 국제기준과 다른 사항 : 도로교통법 개정 논의 필요
  - 서행에 대한 정의, 신호지시 중 직진 금지 노면표시, 신호 없는 교차로 통행 우선권

- 채점기준 개정 사항 : 운전면허시험 매뉴얼 반영 필요
  - 끼어들기, 긴급자동차, 어린이 통학버스 채점기준
- 채점기준 수정 사항 : 운전면허시험 매뉴얼 반영 필요
  - 횡단보도 직전 일시정지 → 횡단보도 직전 서행 및 침범 위반

2. 운전면허시험 채점방안 검토

자율주행 센서와 첨단기능을 활용하여 노후화된 장내기능 채점시스템을 대체할 수 있는 2가지 방안과 도로주행시험에서 객체인식, 부분자율주행 정량적 기준, 운전자모니터링 등을 활용한 채점 자동화 방안을 검토하였고 그 내용은 다음과 같다.

- 장내기능시험 : 공기압 센서를 대체하여 AVM 및 RTK-GNSS 도입 가능
  - 어라운드 뷰(AVM) : 시험차량 전·후방 및 측면에 부착된 약 6개 정도 카메라와 보정 프로그램으로 구성되어 현재의 공기압 센서 대비 유지관리 간편성과 비용절감 기대 (15km/h 이하 작동, 제한속도 20km/h 장내기능 적용 가능)
  - RTK-GNSS : 현재의 채점시스템을 대체할 목적으로 최신 GPS 기술을 활용하여 별도 센서 공사없이 Base Station 작업으로 설치 가능한 ㈜네오정보시스템에서 신규 개발한 채점시스템 (10㎝ 오차 충족, AVM 프로그램 옵션 가능)
- 도로주행시험 : 자율주행 센서와 첨단기능을 활용하여 채점 자동화 방안 도출
  - 객체인식 활용 채점방안 : 21개 채점항목 적용

    현재 차선, 보행자, 차량 등에 국한된 자율주행 객체인식 범위 확대 필요 (신호기, 노면표시, 안전표지, 긴급차량, 어린이통학버스 인식 등 개발 요구됨)
  - 부분자율주행 활용 채점방안 : 7개 채점항목 적용

    운전면허시험 채점 정량화를 위한 부분자율주행 정량적 기준 적용 (안전거리, 차로변경, 끼어들기 등), 향후 자율주행 정량적 기준 고도화 반영 필요
  - 운전자모니터링 활용 채점방안 : 5개 채점항목 적용

    운전자 움직임 추적하여 고개 돌림, 시선 추적, 브레이크 페달 발위치, 핸들 조작 등 자동채점 가능, 추가 딥러닝 프로그램 개발 필요
  - 기타 센서 활용 채점방안 : 1개 채점항목 적용 (제1종 보통 수동차량)

    관성측정장치(IMU)로 말타기 현상에 의한 심한 진동 채점항목 자동화 가능

3. 향후 과제

본 연구에서는 자율주행 센서와 첨단기능을 활용하여 운전면허시험 채점 자동화 방안을 도출하였으나, 미국 자동차공학회(SAE)의 자율주행기술 발전단계 전체 6단계 중 현재 레벨 3의 상용화가 진행 중임을 고려할 때 많은 부분의 개발이 필요할 것으로 생각된다. 따라서, 본 연구에서 도출된 채점방안에서 향후 추가적으로 고려하여야 할 내용들을 다음과 같이 정리하였다.

- 장내기능시험 : 직각주차 등 AVM 및 RTK-GNSS 시스템 적용 관련
  - 어라운드뷰(AVM) : 기존 채점시스템과 통합문제, 보정 정확도, 카메라 부착 등
  - RTK-GNSS : 정확도 관련 기존 시스템 비교 검증, 경찰청 규격 반영 등
- 도로주행시험 : 채점기준 관련 개정사항 반영 및 기술변화 고려 필요
  - 「도로교통공단, "운전면허시험 매뉴얼", 2021」 채점기준 개정사항 반영
  - 자율주행 고도화에 따른 도로주행 채점자동화를 위한 객체인식 범위 확대
    (제한속도표지 인식에 대한 사항은 유럽기준과 국토부에 현재 반영되어 있음)
  - 국제표준으로 논의 중인 LDM(Localization Dynamic Map)에 대한 추이
    (신호등, 보행자, 주변 차량 등의 동적 정보 제공 시 다른 방식으로 해결 가능)

향후 자율주행차 성능이 고도화에 따라 안전한 운전능력 검증을 위해 자율주행차량의 도로교통법 준수 여부에 대한 사항이 중요한 이슈로 부각되는 것이 예상되기 때문에 본 연구를 수행하면서 도출된 자율주행 센서 및 첨단기능을 활용한 운전면허시험 채점 자동화 방안이 도로교통법 준수여부에 대한 자율주행차 운전능력 검증방법 개발의 기초자료로도 활용될 것으로 기대한다.

주제어 : 운전면허시험, 자율주행 센서, 채점 자동화, 채점 기준, 채점 방안

I. 연구 개요

Ⅰ. 연구 개요

1. 연구의 배경 및 목적

우리나라에서는 운전면허시험과 관련하여 제1종(대형, 보통, 특수), 제2종(보통, 소통, 원동기)로 분류하여 각각 학과시험, 장내기능시험, 도로주행시험에 대한 자동 채점시스템을 운영하고 있다. 학과시험를 제외한 장내기능과 도로주행 채점시스템은 노후화와 수동 채점에 따른 민원발생 등으로 현장의 지속적인 개선 요구가 있어 왔다.

- 학과시험 : 컴퓨터 문제은행 활용, 종료 후 바로 결과 확인 (2002년 도입)
- 장내기능 : 약 86%(1,2종 보통) 자동화 되었지만 채점시스템 노후화 (1980년 도입)[1]
- 도로주행 : 약 39%(1,2종 보통) 자동화, 수동 채점 많아 민원 발생 (2012년 도입)[2]

장내기능시험의 경우에는 총 21개 채점항목 중 차로준수, 안전사고, 지시통제 불응을 제외한 18개 항목이 자동 채점이 이루어지고 있기는 하지만, 1980년에 도입되어 40년이 넘은 오래된 시스템으로 현재 시험장에서 설치·운영 중인 검지체계 및 연계 시스템의 유지관리가 어려워 고장/오류 발생 시 신속한 대처가 어려우며, 운영비용에 대한 부담도 큰 상황이다. 특히, 직각주차에서 사용되고 있는 공기압 센서는 온도, 습도 등 주변 영향에 따라 변동이 있어 오류가 발생되어 센서의 감도 조절이 필요하고 공기 호스 파손에 의한 주기적인 교체가 필요해 현장에서의 개선요구가 많은 센서 중 하나이다.

도로주행시험에서는 약 57개 채점항목 중 22개 자동 채점 항목을 제외한 나머지 35개 항목은 채점기준에 근거하여 시험관이 감점여부를 수동으로 판정하게 되어 있어, 이 경우 시험관의 주관 개입이 완전히 배제되기는 어려운 상황이고 이는 결국 빈번한 시험결과 불복·항의 및 민원으로 연결되고 있다.

---

[1] 중앙일보, "운전면허시험이 보다 공정해진다.", 중앙일보 1980.08.09.
" … (중략) …기능시험장 각 코스라인에 공기압축 고무 호스를 부설해 고무호스에 자동차 바퀴가 접촉되거나 한정시간(1종면허 2분, 2종면허 2분30초)를 초과할 경우에는 즉석에서 신호음이 울려 불합격을 응시자에게 알려주도록 하는 것이다. … (중략) …"

[2] 이원형 외 2명, "도로주행 자동채점 시스템 연구", 도로교통공단, p.3, 2012
" 도로주행시험 전자채점기는 「도로교통법 시행규칙」 제68조, 제69조, 124조에 따라 자동차 운전면허 도로주행시험 및 전문학원의 도로주행 기능검정에 사용되는 기기로 2012년 11월 1일부로 국내 운전면허시험에 전격 도입되었다."

자율주행기술의 급격한 발전으로 산업자원통상부 미래자동차 산업 발전 전략에서는 레벨 3 조건부 자율주행차의 본격 상용화 시점이 빨라질 것으로 예상되고 있으며, 2025년경이면 레벨 4 고도 자율주행차가 운행될 수 있을 것으로 예측되고 있으며, 또한 2030년 이후에는 글로벌 자동차시장에서 출시되는 신차 중 자율주행차 비중이 약 50% 수준에 이를 것으로 전망하고 있다. 자율주행 발전단계에 따라 카메라, 라이다 등 다양한 센서의 개발이 시도되고 있으며 더불어 인공지능에 의한 객체인식, GPS 등을 활용한 위치 추적 기술 같은 첨단기능들이 새롭게 개발되고 있다.

또한, 도로주행시험 채점 고도화를 위해 필요한 채점항목 정량화와 관련하여 유럽 UNECE Regulation 157를 바탕으로 국토부(2021), "자동차 및 자동차부품의 성능과 기준에 관한 규칙 [별표 27] 부분 자율주행시스템의 안전기준"이 제정되어 안전거리, 차로변경 등에 대한 정량적 기준이 제시되고 있어 운전면허시험 채점에 적용 검토할 필요가 있다.

따라서, 본 연구에서는 이와 같은 자율주행 센서와 첨단기능을 활용하여 장내기능시험의 노후화된 센서를 대체할 수 있는 방안을 모색하고, 현재의 낮은 도로주행시험 채점 자동화 비율을 제고할 수 있는 채점시스템 개선을 추진함으로써 미래교통체계에 부합하는 운전면허시험체계의 고도화를 달성하고자 연구를 수행하였다.

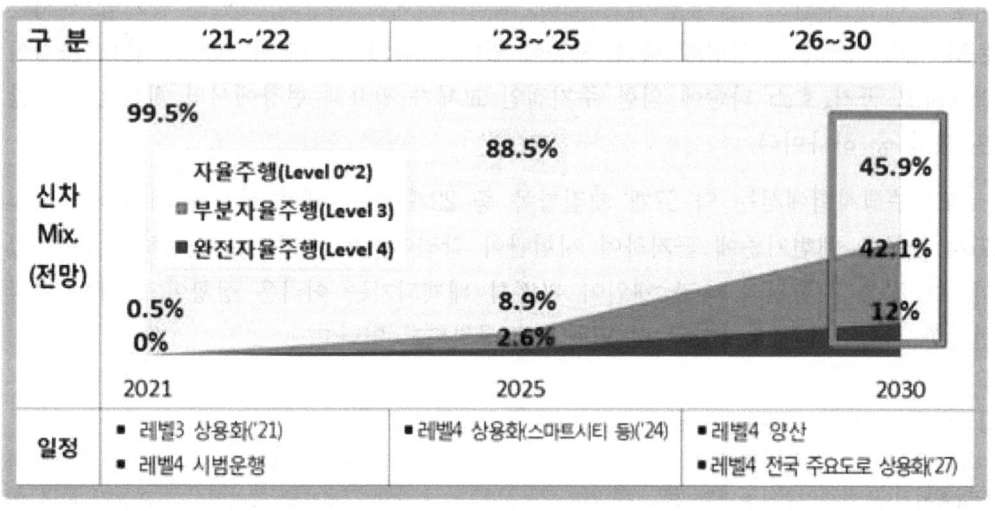

[그림 1-1] 자율주행차의 신차시장 점유율 전망치 3)

---

3) 산업자원통상부, "미래자동차 산업 발전 전략 - 2030 국가 로드맵", 2019

2. 연구의 범위

우리나라 운전면허 종류는 1종과 2종으로 구분되며 총 6개의 면허가 구분되어 관리되고 있다. 본 연구에서는 전체 면허의 85%를 차지하고 장내기능과 도로주행 모두 시험이 시행되는 1종, 2종 보통 운전면허에 대해 채점 자동화를 검토하였으며, 기타 대형, 특수, 소형, 원동기 등의 채점 시스템은 응용 적용이 가능할 것으로 보여 연구범위에서는 제외하였다. 더불어 문제은행을 활용하는 컴퓨터 학과시험도 제외하였다.

<표 1-1> 우리나라 운전면허 종별 소시자 및 면허시험 현황

면허구분		시험차량	면허소지자 (2021년)		면허시험 종류		
			인원 (명)	구성 (%)	학과시험	장내기능	도로주행
합 계			36,227,692	100	-	-	-
1종	대형	승합차(30인)	2,504,069	6.9	○	○	×
	보통	화물차	18,386,385	50.8	○	○	○
	특수	견인차/피견인차	2,504,069	6.9	○	○	×
2종	보통	승용차	12,548,292	34.6	○	○	○
	소형	이륜차(200cc)	12,396	0.0	○	○	×
	원동기	이륜차(49cc)	272,481	0.8	○	○	×

자료 : 경찰청(2022), 경찰청 통계연보

3. 주요 연구내용 및 연구방법

본 연구의 주요 연구내용 및 방법은 다음과 같다.

☐ 운전면허시험 채점시스템 현황
- 장내기능 : 통제실 시스템, 차량탑재장치, 노면센서 등
- 도로주행 : 자료전송 컴퓨터, 채점용 컴퓨터, 차량탑재장치

☐ 운전면허시험 채점빈도 분석 및 시험관 등 의견조사
- 도로주행 채점항목에 대한 시험감독관의 채점빈도 분석
- 면허시험 시험감독관 및 자율주행 전문가 의견 조사

☐ 자율주행 센서 및 첨단기능 검토
  - 자율주행 센서 : 카메라, 라이다, 레이더, IMU, 초음파 등
  - 자율주행 기능 : 컴퓨터비전, 정밀측위, ADAS, ALKS 등
☐ 운전면허시험 채점기준 검토
  - 끼어들기, 신호지시, 긴급자동차, 스쿨버스 보호 등
☐ 운전면허시험 채점방안 검토
  - 자율주행 센서 및 첨단기능을 활용한 채점방안 검토
☐ 결론 및 향후 과제

4. 연구수행절차

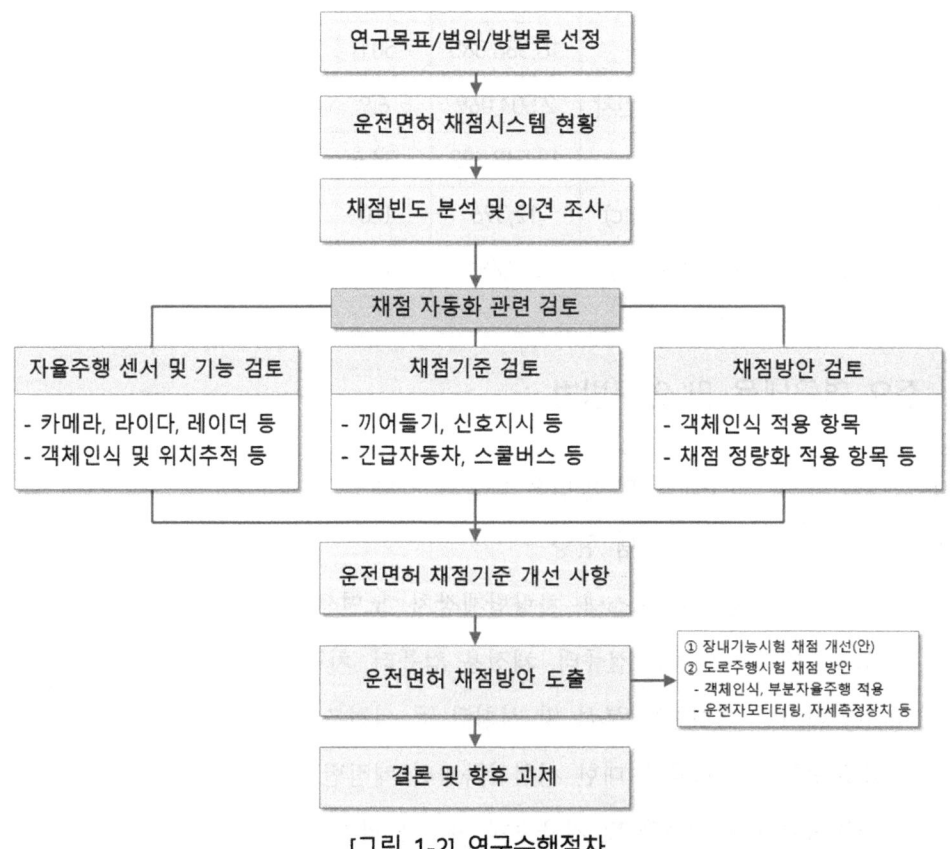

[그림 1-2] 연구수행절차

II. 채점시스템 현황

II. 채점시스템 현황

1. 장내기능 채점시스템[4]

　기능시험 채점기는 도로교통법 시행령 제48조 제3항 및 제67조 제2항에 따라 자동차 운전면허시험 및 전문학원의 기능검정에 사용되는 기기로서, 통제실 시스템, 차량탑재 시스템 등으로 구성되어, 장내기능시험의 진행과 채점이 각 시스템과 장치 간의 무선통신이나 센서에 의한 감지 등으로 이루어질 수 있도록 운영되는 설비를 말한다.

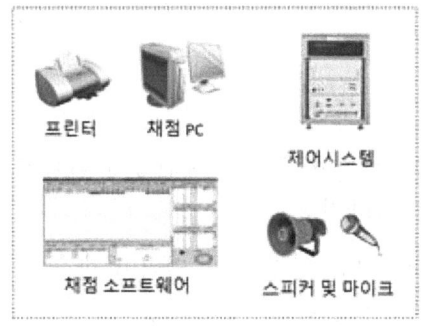

[그림 2-1] 장내기능 채점시스템 개요

1) 통제실 시스템

　통제실 시스템은 통제실에 위치한 시험관(기능검정원)이 장내기능시험을 진행·채점 및 통제할 수 있도록 설치된 설비로서, 제어시스템·채점용 컴퓨터 및 입·출력장치 등으로 구성되고, LED화면이나 모니터를 통해 각 시스템의 작동 및 제어상태가 표시되는 구조여야 한다.

　① 제어시스템

　　가) 주 제어부(MCM)

　　　통제실 시스템의 전반적인 제어, 차량탑재 시스템 등과의 접속을 위한 시스템 제어부

　　나) 무선 송수신부(RFM)

---

[4] 경찰청, "자동차운전면허 기능시험채점기 경찰청 규격", 2016

통제실 시스템과 차량탑재 시스템 간 자료 송수신을 위한 통신장치

다) 신호등 제어부(TCM)

기능시험장 내 교차로 신호등을 제어하는 장치로서, 통제실 PC에서 교통량에 따라 방향별 신호주기를 조절하는 장치

라) 방송용 앰프(AMP)

통제실에서 내·외부 스피커와 연결되어 음성정보를 전달하는 장치

마) 전원공급장치(PCM)

각 기기에 대한 전원을 안전하게 공급하는 장치

② 채점용 컴퓨터

가) PC

본체, 모니터, 마우스(키보드는 두지 않음)로 구성되어 무선 통신망에 의하여 차량탑재 시스템에서 전송하는 정보의 수집·처리·저장

※ 시험관이 직접 채점하는 항목은 마우스로 직접 입력할 수 있어야 함

가) 프린터

시험이 끝나면 실시 결과를 보고할 수 있도록 당일 응시자, 합격자, 불합격자, 오채점자 명단과 시험통계(응시자수, 합격자수, 불합격자수, 합격률 등)가 출력될 수 있어야 함

나) 소프트웨어

채점기의 각 시스템과 장치를 도로교통법령 및 경찰청장이 정하는 장내기능시험의 진행 및 채점방법 등이 구현될 수 있어야 함

③ 기타 시험관용 마이크, 내·외부 스피커(각 1개 이상) 등

2) 차량탑재 시스템

차량탑재 시스템은 시험용 차량에 탑재되어 운전장치 조작 및 노면센서 접촉 여부 등을 감지하고, 채점정보 처리·저장, 통제실 시스템과의 자료 송수신 등을 하기

위한 설비로서, 주제어부·무선 송수신부·표시부·차량 내·외부 표시등·차량부착용 센서 등으로 구성된다.

① 주제어부

차량탑재 시스템 각 구성장치 간 연동 및 제어를 수행하는 장치로서, 각 과제별 소요시간 등을 측정하는 타이머가 내장되어야 함.

② 무선 송수신부

통제실 시스템과 시험정보를 송수신하기 위한 무선 통신장치로서, 차량 외부의 3색 경광등과 일체형으로 1m 이내의 전방향성(무지향성) 안테나를 함께 설치하여야 함

③ 표시부(디스플레이부)

모니터와 내장 스피커로 구성되어 응시자에게 시험의 시작과 종료, 과제의 수행을 지시하고, 응시자가 수험번호, 시험 진행상황, 채점상황, 채점기 상태 등을 음성이나 문자로 확인할 수 있도록 하는 장치

④ 차량부착용 센서(Sensor)

가) 자석감지용 센서

시험장 노면에 매설된 확인선(영구자석)을 감지하기 위한 센서로서, 차량에 설치하여 차량이 통과하면서 통과 여부를 인식

나) 이동거리측정용 센서

- 차량의 트랜스미션에 연결된 거리계 케이블에 장착되어 차량의 전후진 이동거리를 측정
- 횡단보도 정지선, 교차로 정지선 등 시험용 차량의 앞범퍼가 정지선 침범 시 오차 허용범위는 +10cm 이내
- 경사로 구간에서 일시정지하였다가 출발 시 차량이 뒤로 밀린 거리를 측정하여 채점하되, 오차 허용범위는 +5cm 이내

다) 기어변속 감지용 센서

기어변속 행위를 감지하는 센서로서 기어변속레버에 연결 설치되어 운전자의 기어변속행위를 감지

라) 노면센서 (영구자석 및 공기압)

- 확인선 : 출발선, 횡단보도/교차로/철길건널목의 일시정지선, 경사로 구간, 직각주차 등 각 과제의 진입/진출 지점과 과제이행 확인지점의

  노면바닥으로부터 지하에 영구자속을 매설하여 설치, 시험용 차량의센서가 이를 통과하거나 접촉하면 감지하고, 소요시간을 측정

- 검지선 : 각 과제 (굴절코스, 곡선코스, 방향전환코스, 평형주차코스, 직각주차코스)를 수행하는 과정에서 시험용 차량의 바퀴가 코스의 접촉 여부를 확인할 수 있도록 황색실선 바깥쪽에 공기압센서 등으로 설치

[그림 2-2] 장내기능 채점시스템 사용 센서

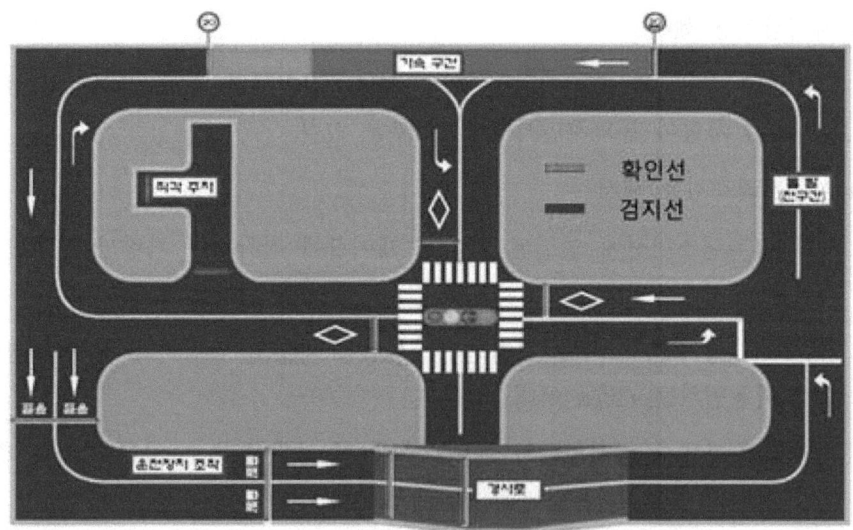

[그림 2-3] 장내기능 시험코스 노면센서 위치 (확인선 및 검지선)

2. 장내기능 채점항목

전체 21개 중 18개 항목은 자동 채점되고 있으며, 차로준수, 안전사고, 통제불응 3개 항목은 시험감독관 및 안전요원 육안으로 수동 채점되고 있어 장내기능시험은 거의 대부분 채점이 자동화 되어 운영되고 있다. 장내기능에서는 주로 영구자석(확인선), 자석 감지, OBD 등의 센서가 사용되고 있으며 직각주차에서만 주차선 이탈여부를 검지하는 공기압 호스 센서(검지선)가 사용되고 있다.

<표 2-1> 장내기능시험 채점항목 (1, 2종 보통)

구분	번호	자동여부	채점항목	감점	사용 센서
기본조작	1	자동	기어변속	5	기어
	2	자동	전조등 조작	5	OBD
	3	자동	방향지시등 조작	5	OBD
	4	자동	앞유리창닦이기 조작	5	OBD
기본주행	5	자동	돌발상황에서 급정지	10	OBD
	6	자동	경사로 정지 및 출발	10	확인선, 자석, 거리
	7	자동	좌회전 또는 우회전	5	확인선, 자석, OBD
	8	자동	가속코스	10	확인선, 자석, 기어, OBD
	9	자동	신호교차로	5	확인선, 자석
	10	**자동**	**직각주차**	**10**	**확인선, 자석, 검지선**
	11	자동	방향지시등 작동	5	확인선, 자석, OBD
	12	자동	시동상태 유지	5	OBD
	13	자동	전체 지정시간 준수	3	OBD
실격	14	자동	좌석안전띠 미착용	실격	OBD
	15	자동	30초 이내 미출발	실격	거리
	16	자동	경사로 미정지, 직각주차 확인선 미접촉, 가속코스 미변속 등	실격	확인선, 자석, 기어, 거리
	17	자동	경사로 30초 이내 미통과, 후방 1미터 이상 밀린 경우	실격	확인선, 자석, 거리
	18	자동	신호교차로 신호위반, 정지선 침범	실격	확인선, 자석
기본주행	19	수동	차로준수	15	육안
실격	20	수동	안전사고 또는 연석 접촉	실격	육안
	21	수동	시험관 지시 통제 불응 (마약/약물 등)	실격	육안

자료 : 도로교통공단, "운전면허시험 매뉴얼", 2021
주 : OBD (On Board Diagnostics) - 자동차 부품이나 센서로부터 ECU 에 전달된 정보를 콘솔이나 외부장치에서 볼 수 있도록 한 표준 통신 인터페이스(실시간 속도, 엔진 RPM 및 각종 기기조작 정보(방향지시등, 브레이크, 좌석안전띠, 시동, 클러치, 엑셀레이터 등)를 제공)

<표 2-2> 장내기능시험 채점기준 (1, 2종 보통)

구분		채점항목	감점	채점기준
기본 조작 (1~4 중 일부만 무작위 실시)	가	기어변속	5	· 시험관이 주차 브레이크를 완전히 정지 상태로 조작하고, 응시생에게 시동을 켜도록 지시하였을 때, 응시생이 정지 상태에서 시험관의 지시를 받고 기어변속(클러치 페달조작을 포함한다)을 하지 못한 경우
	나	전조등 조작	5	· 정지 상태에서 시험관의 지시를 받고 전조등을 조작하지 못한 경우(하향, 상향 각 1회씩 전조등 조작시험을 실시한다)
	다	방향지시등 조작	5	· 정지 상태에서 시험관의 지시를 받고 방향지시등을 조작하지 못한 경우
	라	앞유리창닦이기 (와이퍼) 조작	5	· 정지 상태에서 시험관의 지시를 받고 앞유리창닦이기(와이퍼)를 조작하지 못한 경우
기본 주행	가	차로준수		· 나)~차)까지 과제수행 중 차의 바퀴 중 어느 하나라도 중앙선, 차선 또는 길가장자리구역선을 접촉하거나 벗어난 경우육안
	나	돌발상황에서 급정지	10	· 돌발등이 켜짐과 동시에 2초 이내에 정지하지 못한 경우 · 정지 후 3초 이내에 비상점멸등을 작동하지 않은 경우 · 출발 시 비상점멸등을 끄지 않은 경우
	다	경사로 정지 및 출발	10	· 경사로 정지검지구역 내에 정지한 후 출발할 때 후방으로 50센티미터 이상 밀린 경우
	라	좌회전 또는 우회전	5	· 진로변경 때 방향지시등을 켜지 않은 경우
	마	가속코스	10	· 가속구간에서 시속 20킬로미터를 넘지 못한 경우
	바	신호교차로	5	· 교차로에서 20초 이상 이유 없이 정차한 경우
	사	직각주차	10	· 차의 바퀴가 검지선을 접촉한 경우 · 주차브레이크를 작동하지 않을 경우 · 지정시간(120초) 초과 시(이후 120초 초과시마다 10점 추가 감점)
	아	방향지시등 작동	5	· 출발시 방향지시등을 켜지 않은 경우 · 종료시 방향지시등을 켜지 않은 경우
	자	시동상태 유지	5	· 가)부터 아)까지 및 차)의 시험항목 수행 중 엔진시동 상태를 유지하지 못하거나 엔진이 4천RPM이상으로 회전할 때마다
	차	전체 지정시간 준수	3	· 가)부터 자)까지의 시험항목 수행 중 별표 23 제1호의2 비고 제6호다목 1)에 따라 산정한 지정시간을 초과하는 경우 5초마다 · 가속구간을 제외한 전 구간에서 시속 20킬로미터를 초과할 때마다
실격	가	점검이 시작될 때부터 종료될 때까지 좌석안전띠를 착용하지 않은 경우		
	나	시험 중 안전사고를 일으키거나 차의 바퀴가 하나라도 연석에 접촉한 경우		
	다	시험관의 지시나 통제를 따르지 않거나 음주, 과로 또는 마약·대마 등 약물 등의 영향으로 정상적인 시험 진행이 어려운 경우육안		
	라	특별한 사유 없이 출발지시 후 출발선에서 30초 이내 출발하지 못한 경우		
	마	경사로에서 정지하지 않고 통과하거나, 직각주차에서 차고에 진입해서 확인선을 접촉하지 않거나, 가속코스에서 기어변속을 하지 않는 등 각 시험코스를 어느 하나라도 시도하지 않거나 제대로 이행하지 않은 경우		
	바	경사로 정지구간 이행 후 30초를 초과하여 통과하지 못한 경우 또는 경사로 정지구간에서 후방으로 1미터 이상 밀린 경우		
	사	신호 교차로에서 신호위반을 하거나 앞 범퍼가 정지선을 넘어간 경우		

자료 : 법제처, "도로교통법 시행규칙 [별표 24]", 2021

3. 도로주행 채점시스템[5]

　도로주행시험채점기는 도로교통법 시행규칙 제67조, 제68조, 124조에 따라 자동차 운전면허 도로주행시험 및 전문학원의 도로주행 기능검정에 사용되는 기기로서, 자료전송컴퓨터·채점용휴대컴퓨터·차량탑재장치로 구성되어, 도로주행시험의 진행과 채점이 각 시스템과 장치 간의 통신이나 센서에 의한 감지, 시험관의 입력 등으로 이루어지도록 구성된 설비를 말한다.

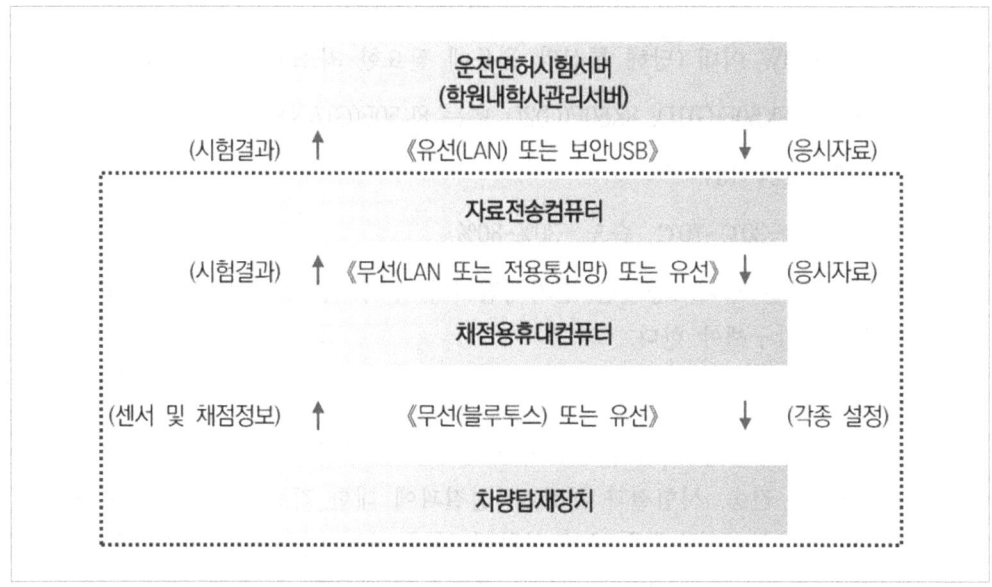

[그림 2-4] 도로주행 채점시스템 구성도

1) 자료전송컴퓨터

　자료전송컴퓨터는 운전면허시험서버(학원내 학사관리 서버)와 채점용 휴대컴퓨터 간 중계역할을 하는 장치로서 현행 도로주행시험 관리용 컴퓨터에 유무선전송장치를 부착하여 구성한다.

　① 무선 전송장치

　무선 전송장치는 채점용 휴대컴퓨터와 무선통신을 위한 장치로서 국내 전파법규를 준수하는 무선랜(Wi-Fi) 또는 전용무선망으로 무선통신을 할 수 있어야 하며,

---
[5] 경찰청, "자동차운전면허 도로주행채점기 경찰청 규격", 2014

무선랜은 무선망 보안설정이 가능하여야 한다.

가) 옥외형 무선랜(Wi-Fi) 장치

　　- 통신표준 : IEEE802.11a/b/g/n 선택가능

　　- 무선보안 : SSID Hidden, Mac Filtering, WPA2-PSK 등

나) 전용무선망

　　- 주파수 대역 : 216.0375/221.0375, 216.0875/221.0875,
　　　　　　　　　　216.1625/221.1625, 216.2125/221.2125

　　- 출력 : 100mW 이내 (당해 통신망 운용에 필요한 최소 출력으로 할 것)

　　- 전파형식 : 8K50F(G)1D, 8K50F(G)2D 또는 8K50F(G)7(X)D

　　- 전원 : DC 12V~18V

　　- 환경 : 온도 -30℃~70℃, 습도 -30%~80%

　　- 전용무선망은 장내기능시험 전자채점기와 주파수를 교차배치하는 등 혼신방지대책을 강구해야 한다.

② 소프트웨어

소프트웨어는 도로주행 시험의 전반적인 운영을 담당하는 프로그램으로서 응시자료 및 시험결과 전송, 시험결과 저장, 시험결과에 대한 각종 조회 및 보고서를 생성할 수 있어야 하며, 현재의 구성 상황에 따라 자료전송컴퓨터 또는 운전면허시험 서버(학원내 학사관리서버)에 기능을 추가하여 운용할 수 있다.

　　- 운전면허시험서버와 자동으로 응시자료 및 시험결과 송수신 기능

　　- 시험관(태블릿 PC)별 응시자 분류 및 전송 기능

　　- 태블릿 PC로부터 시험결과 수신 기능

　　- 데이터 조회 및 보고서 생성 기능

　　- 시험경로 그룹화 설정 및 설정내역 채점용 휴대컴퓨터 전송 기능

　　- 시험 진행 관리 및 각종 설정 기능

　　- 유선(USB 또는 RS-232C)을 통한 응시자료 및 시험결과 송수신 기능

2) 채점용 휴대컴퓨터

채점용 휴대컴퓨터는 시험관(기능검정원)이 휴대 또는 차량에 거치하여 채점하는 기기로서 자료전송 컴퓨터와 무선 통신을 사용할 경우 무선랜(Wi-Fi) 또는 전용무선망을 통해 이루어지며 차량이 자료전송 컴퓨터 주변의 통신가능 범위에 있을 때 일괄(Batch) 처리를 통해 자료를 송수신한다. 차량의 각종 채점정보를 수신하기 위한 차량탑재장치와의 통신은 블루투스 등으로 이루어진다. 그리고 채점용 휴대컴퓨터는 특정 차량에 고정하여 사용하지 않고 이동하면서 사용가능한 구조여야 하며, 최소사양은 다음과 같다.

① 채점용 휴대컴퓨터의 최소사양

- 화면크기는 시험관이 수기채점 하는데 불편이 없어야 한다.
- 디스플레이 해상도가 1024×768 이상이어야 한다.
- 아래의 통신모듈이 내장되어 차량탑재장치, 자료전송컴퓨터와 유무선 통신이 가능해야 한다.
  - 무선통신 인터페이스 : IEE802.11a/b/g/n을 지원하는 Wi-Fi, 블루투스 등
  - 유선통신 인터페이스 : USB 또는 RS-232C 등
- 차량탑재장치와 무선통신을 위한 블루투스 등의 기능이 있어야 한다.
- 실시간 위치데이터 수신을 통해 경로안내를 할 수 있도록 GPS가 내장되어 있어야 하며, 내부 GPS의 수신이 안정적이지 못할 경우 외부 GPS를 사용할 수 있어야 한다.
  ※ 외부 GPS는 채점용 휴대컴퓨터 또는 차량탑재장치에 선택적으로 구성할 수 있다.
- 음성안내를 위해 스피커가 내장되어 있어야 한다.
- 차량전원을 사용할 수 있어야 한다.

② 채점 및 경로안내 소프트웨어

도로주행시험의 모든 채점은 태블릿 PC의 채점소프트웨어를 통하여 이루어진다. 채점소프트웨어는 충분히 안정적이어야 하고 수동채점을 위한 사용자 인터페이스는 취소의 클릭으로 오류없이 채점 가능하도록 편리하게 구성이 되어야 하며, 소프트웨어는 다음과 같은 기능을 포함하고 있어야 한다.

○ 자료전송컴퓨터와 무선(Wi-Fi, 전용무선망) 또는 유선(USB 또는 RS-232C 등)을 통한 응시자료 및 시험결과 송수신 기능

○ 응시자 및 시험차량 리스트 검색 및 선택 기능

○ 시험경로별 경로데이터(맵데이터) 저장 및 시험코스 선택 기능

○ 경로안내 기능(방향 그래픽 및 자동 음성 경로안내)

○ 시험 운행정보 저장 기능

  - 시험시작 및 종료 시간(시험 경과 시간)

  - 세부 감점 내역 및 감점 시간

  - 실제 운행 경로

  - 실시간 속도, RPM 및 각종 기기조작 정보(방향지시등, 풋브레이크, 핸드브레이크, 기어, 클러치, 차문, 좌석안전띠, 시동, 엑셀러레이터 등)

○ 개별 상세 운행정보 분석기능(옵션)

○ 실시간 채점 진행현황 확인 및 저장 기능

○ 채점항목은 설정에 따라 자동, 반자동, 수동채점 항목으로 전환 가능하도록 구성되어야 하며, 수동채점 항목은 최대 3회 이내의 터치로 감점사항을 입력할 수 있어야 한다.

  - 자동 : 인위적인 조작 없이 차량탑재장치 또는 채점용 휴대컴퓨터의 연산에 의해 자동으로 채점되는 기능

  - 반자동 : 채점용 휴대컴퓨터에 차량상태 정보를 팝업창 등으로 표시하고 시험관이 확인 후 채점하거나, 시험관이 해당과제의 수행 시점 등을 입력한 경우 자동으로 채점되는 기능

  - 수동 : 시험관의 입력에 의해서만 채점이 이루어지는 기능

○ 채점된 항목 중 잘못 채점된 경우 시험 종료 전까지 수정할 수 있어야 하며, 수정할 경우 수정에 대한 기록이 반드시 남아야 한다.

○ 기기장애 등으로 자동 및 반자동 채점이 불가능할 경우 일괄 수동채점 전환 기능이 있어야 한다.

○ 차량 센서 및 통신 상태 점검 기능

○ 차량탑재장치와 실시간 무선통신 기능(블루투스 등)

○ 참관인 서명(사인) 기능

○ 사용의 편리성을 위해 가로 및 세로 채점화면을 제공하여 한다.

○ 태블릿 PC와 블루투스로 접속된 차량은 접속이 끊어지면 자동 접속 시도를 통해 재접속되어야 한다.

○ 시험종료 후 시험결과 데이터는 임의로 추가, 삭제, 변경할 수 없는 형태로 저장되어야 한다.

3) 차량탑재장치

차량탑재장치는 시험용 차량에 탑재되어 운전장치 조작에 따른 차량내 각종 센서를 감지하여 채점용 휴대컴퓨터에 전송하는 장치로서 다음의 차량장치와 연동되고, 유무선통신기능을 내장하여야 한다.

① 차량 기기조작 신호 및 센서 연동

방향지시등, 풋브레이크, 핸드브레이크, 기어, 클러치, 차문, 안전벨트, 시동, 액셀러레이터, 속도, 엔진회전수 등

※ 급가속, 급제동, 과속 등 추가적인 연산이 필요한 자동채점항목은 차량탑재장치 또는 채점용 휴대컴퓨터에서 연산되어야 한다.

② 통신 기능

아래의 통신모듈이 내장되어 시험관 채점용 휴대컴퓨터와 유무선 통신이 가능하여야 한다.

○ 무선통신 인터페이스 : 블루투스 등

○ 유선통신 인터페이스 : USB 또는 RC-232C 등

4. 도로주행 채점항목

전체 57개 항목 중 22개 자동 채점을 제외한 35개 항목을 시험관(기능검정원)이 수동으로 채점하고 있는 비율이 약 61%로 수동 채점 시 주관을 배제하기 어렵고, 시험에 대한 객관성과 공정성에 대한 응시생의 불복항의 등의 민원이 발생하기 쉬워, 자동화 비율을 제고할 필요성이 지속적으로 요구되고 있다.

자동차 부품이나 센서로부터 ECU 에 전달된 정보를 콘솔이나 외부장치에서 볼 수 있도록 한 표준 통신 인터페이스 OBD(On Board Dignostics)를 통해 실시간 속도, 엔진 RPM 및 각종 기기조작 정보(방향지시등, 브레이크, 클러치, 차문, 좌석안전띠, 시동, 엑셀레이터, 속도, 엔진회전수 등)를 바탕으로 GPS와 가속도, 기어 센서 등을 통해 급출발, 급제동, 속도 위반 등의 약 31%에 해당하는 채점항목에 대한 자동채점이 이루어지고 있다.

<표 2-3> 도로주행시험 채점항목 (1종, 2종 보통)

구분	번호	자동여부	채점항목	감점	사용 센서
출발전 준비	1	자동	주차브레이크 미해제	10	OBD
	2	자동	차문 닫힘 미확인	5	OBD
출발	3	자동	10초내 미시동	7	OBD
	4	자동	급조작/급출발	7	OBD, 가속도
	5	자동	시동장치조작미숙	5	OBD
	6	반자동	20초내 미출발	10	OBD
	7	반자동	신호안함	5	OBD
	8	반자동	신호계속	5	OBD
운전자세	9	자동	정지중 기어 미중립	5	OBD, 기어
가속 및 속도유지	10	자동	가속불가	5	OBD
	11	자동	엔진정지	7	OBD
	12	반자동	저속	5	OBD
	13	반자동	속도유지불능	5	OBD

(뒷면 계속)

II. 채점시스템 현황

구분	번호	자동여부	채점항목	감점	사용 센서
제동 및 정지	14	자동	엔진브레이크 사용 미숙	5	OBD, 기어
	15	자동	정지 때 미제동	5	OBD
	16	반자동	급브레이크 사용	7	가속도
주행종료	17	자동	종료 주차브레이크 미작동	5	OBD
	18	자동	종료 엔진 미정지	5	OBD
실격	19	자동	현저한 운전능력 부족	실격	OBD, 가속도
	20	자동	보호구역 지정속도 위반	실격	OBD, GPS
	21	자동	지정속도 위반	실격	OBD, GPS
	22	자동	좌석안전띠 미착용	실격	OBD
출발전 준비	23	수동	차량점검 및 안전 미확인	7	-
출발	24	수동	주변교통방해	7	-
	25	수동	심한진동	5	-
	26	수동	신호중지		-
제동 및 정지	27	수동	제동방법 미흡	5	-
조향	28	수동	핸들조작 미숙 또는 불량	7	-
차체감각	29	수동	우측안전 미확인	7	-
	30	수동	1미터 간격 미유지	7	-
통행구분	31	수동	지정차로 준수 위반	7	-
	32	수동	앞지르기방법 등 위반	7	-
	33	수동	끼어들기 금지 위반	7	-
	34	수동	차로유지 미숙	5	-
진로변경	35	수동	진로변경시 안전 미확인	10	-
	36	수동	진로변경 신호 불이행	7	-
	37	수동	진로변경30미터 전 미신호	7	-
	38	수동	진로변경 신호 미유지,	7	-
	39	수동	진로변경 신호 미중지	7	-
	40	수동	진로변경 과다	7	-
	41	수동	진로변경금지장소 변경	7	-

(뒷면 계속)

자율주행차량 센서 기반 운전면허시험 채점 자동화 연구

구분	번호	자동여부	채점항목	감점	사용 센서
진로변경	42	수동	진로변경 미숙	7	-
교차로통행	43	수동	서행 위반	10	-
	44	수동	일시정지 위반	10	-
	45	수동	교차로 진입통행 위반	7	-
	46	수동	신호차 방해	7	-
	47	수동	꼬리물기	7	-
	48	수동	신호 없는 교차로 양보 불이행	7	-
	49	수동	횡단보도 직전 일시정지 위반	10	-
주행종료	50	수동	종료 주차확인 기어 미작동	5	-
실격	51	수동	안전거리 미확보, 교통사고 위험·야기	실격	-
	52	수동	시험관 지시 및 통제 불응	실격	-
	53	수동	신호/지시위반	실격	-
	54	수동	보행자 보호 위반	실격	-
	55	수동	중앙선 침범	실격	-
	56	수동	긴급자동차 진로 미양보	실격	-
	57	수동	어린이통학버스 보호 위반	실격	-

자료 : 도로교통공단, "운전면허시험 매뉴얼", 2021

[그림 2-5] 도로주행 채점 예시

II. 채점시스템 현황

<표 2-4> 도로주행시험 채점기준 (1종, 2종 보통)

구분	번호	채점항목	채점내용	감점	채점요령
출발 전 준비	1	차문 닫힘 미확인	출발 때 자동차문을 완전히 닫지 않은 채 각종 장치를 조작하는 경우	5	·시험시간 동안 채점하며, 차량이 출발할 때 자동차 문을 완전히 닫지 않았거나 주행 중에 자동차문이 열린 경우에 채점
	2	출발 전 차량점검 및 안전 미확인	차량승차 전·후에 차량주변의 안전을 직접 확인하지 않은 경우	7	·시험시간 동안 채점하며, 차량 승차 전에 주변의 안전을 확인하고 승차 후에는 운전석에서 후사경 등을 이용하여 전·후·좌·우의 안전을 직접 고개를 숙이거나 돌려서 눈으로 확인하지 않은 경우에 채점
	3	주차 브레이크 미해제	주차브레이크를 해제하지 않고 출발한 경우	10	·시험시간 동안 채점하며, 주차 브레이크를 해제하지 않은 상태에서 차량을 출발시킨 경우 채점
운전 자세	4	정지 중 기어 미중립	신호 또는 차량정체 등으로 10초 이상 정차할 때에 기어를 넣거나 기어가 들어가 있고 클러치 페달과 브레이크 페달을 동시에 밟고 있는 경우(자동변속기 차량으로 도로주행시험을 볼 때에는 신호 또는 차량정체 등으로 10초 이상 정차할 때에 변속레버를 중립위치로 두지 아니한 경우를 말한다)	5	·시험시간 동안 채점하며, 신호대기 등으로 차량이 10초 이상 정지하고 있는 상태에서 기어를 넣거나 기어가 들어가 있음에도 클러치페달과 브레이크 페달을 동시에 밟고 있는 경우 채점(자동변속기의 경우에는 신호대기 등으로 차량이 10초 이상 정지하고 있는 상태에서 변속레버를 중립위치에 두지 않은 경우 채점)
출발	5	20초 내 미출발	통상적으로 출발하여야 할 상황인데도 기기조작 미숙 등으로 20초 이내에 출발하지 아니한 경우	10	·시험시간 동안 채점하며, 신호대기 등으로 차량이 일시정지하였다가 다시 출발할 때 기기조작 미숙 등으로 출발이 20초 이상 늦어진 경우 채점
	6	10초 내 미시동	엔진시동 정지 후 약 10초 이내에 시동을 걸지 못하는 경우	7	·시험시간 동안 채점하며, 기기조작 미숙 등으로 시동이 정지된 경우로써 10초 이내에 다시 시동을 걸지 못한 경우 채점
	7	주변 교통 방해	진행신호 중에 기기조작 미숙으로 출발하지 못하거나 불필요한 지연출발로 다른 차의 교통을 방해한 경우	7	·시험시간 동안 채점하며, 진행신호에 따라 출발하려다가 기기조작 미숙 등으로 그 신호 중에 출발하지 못하거나 불필요한 지연출발로 다른 차의 교통을 방해한 경우 채점
	8	엔진 정지	엔진시동 상태에서 기기조작 미숙으로 엔진이 정지된 경우	7	·시험시간 동안 채점하며, 엔진시동 상태에서 기기의 조작 미숙으로 엔진이 정지(위험을 방지하기 위하여 부득이 급정지하거나 차량 고장으로 엔진시동이 정지된 경우는 제외한다)된 경우 채점
	9	급조작·급출발	엔진의 지나친 공회전 또는 기기 등을 급조작하여 급출발하는 경우	7	·시험시간 동안 채점하며, 기기 등의 조작이 능숙하지 못하거나 급조작하여 급출발을 하는 경우 또는 지나친 공회전이 생기는 경우 채점
	10	심한 진동	기기 등의 조작불량으로 인한 심한 차체의 진동이 있는 경우	5	·시험시간 동안 채점하며, 기기 등의 조작이 능숙하지 못하여 차에 심한 진동이 발생한 경우 채점

(뒷면 계속)

자율주행차량 센서 기반 운전면허시험 채점 자동화 연구

구분	번호	채점항목	채점내용	감점	채점요령
출발	11	신호 안함	도로 가장자리에서 정차하였다가 출발할 때 방향지시등을 켜지 않고 차로로 진입한 경우	5	·시험시간 동안 채점하며, 도로 가장자리(출발지점을 포함한다)에 정차하였다가 출발하여 차로로 진입할 때 방향지시등을 켜지 않고 진입하는 경우 채점
	12	신호 중지	도로가장자리에서 정차하였다가 출발 후 차로로 진입할 때 차로변경이 끝나기 전에 방향지시등을 끈 경우	5	·시험시간 동안 채점하며, 도로 가장자리(출발지점을 포함한다)에 정차된 차를 운전하여 차로로 진입할 때 차로에 완전히 진입하기 전에 방향지시등을 소등한 경우 채점
	13	신호 계속	도로 가장자리에서 정지하였다가 출발하여 차로변경이 끝났음에도 방향지시등을 계속켜고 있는 경우	5	·시험시간 동안 채점하며, 도로 가장자리(출발지점을 포함한다)에 정차된 차를 운전하여 차로로 진입이 완료되었음에도 방향지시등을 소등하지 않고 계속해서 신호를 하는 경우 채점
	14	시동장치 조작 미숙	엔진의 시동이 걸려 있는 상태에서 시동을 걸기 위하여 다시 시동장치를 조작하는 경우	5	·시험시간 동안 채점하며, 엔진시동이 걸려 있는 상태임에도 시동을 걸기 위하여 시동키를 돌리는 등 시동장치를 조작하는 경우 채점
가속 및 속도 유지	15	저속	교통상황에 따른 통상속도보다 낮은 경우	5	·시험시간 동안 채점하며, 주변 교통상황에 따라 주행을 하여야 함에도 불구하고 주변 교통상황에 맞게 주행하지 못하고 저속 주행하는 경우 채점
	16	속도 유지 불능	교통상황에 따른 통상속도를 유지할 수 없는 경우	5	·시험시간 동안 채점하며, 주변 교통상황에 따를 때 내야 하는 통상속도를 유지하지 못하거나 가속과 제동을 반복하는 경우 채점
	17	가속 불가	부적절한 기어변속으로 교통상황에 맞는 속도로 주행하지 않은 경우	5	·시험시간 동안 채점하며, 주변 교통상황에 따를 때 내야 하는 통상속도를 내는 과정에서 그 속도에 맞는 기어변속을 하지 못한 채 저속기어에서 가속만 하는 경우 채점
제동 및 정지	18	엔진 브레이크 사용미숙	정지하기 위해 제동이 필요한 상황에서 클러치 페달로 동력을 끊어 주행하거나 미리 기어를 중립에 두는 경우(자동변속기의 경우에는 정지하기 전에 미리 변속레버를 중립에 둔 경우를 말한다) 또는 속도를 줄일 때 미리 가속페달에서 발을 떼어 엔진브레이크를 사용하지 아니한 때	5	·시험시간 동안 채점하며, 브레이크 페달을 밟기 이전에 클러치페달을 밟거나 기어를 중립에 위치시켜 엔진브레이크 작동을 막고 타력주행을 한 경우 (자동변속기의 경우에는 정지하기 전에 미리 변속레버를 중립에 둘 때를 말한다)
	19	제동 방법 미흡	교통상황에 따라 제동이 필요한 경우임에도 브레이크페달에 발을 옮기고 제동 준비를 하지 않는 경우	5	·시험시간 동안 채점하며, 교통상황에 따라 제동이 필요한 상태에서 미리 발을 브레이크페달로 옮겨놓지 않는 경우 채점

(뒷면 계속)

II. 채점시스템 현황

구분	번호	채점항목	채점내용	감점	채점요령
제동 및 정지	20	정지 때 미제동	신호대기 등으로 잠시 정지하고 있는 사이에 브레이크 페달을 밟고 있지 않은 경우	5	·시험시간 동안 채점하며, 자동변속기 차량의 경우에는 일시정지 때 브레이크 페달을 밟고 있지 않는 경우에 채점하고, 수동변속기 차량의 경우에는 일시정지 때 클러치페달만 밟고 브레이크 페달은 밟지 않거나, 기어를 중립으로 한 때 브레이크 페달을 밟지 않은 경우 채점
	21	급브레이크 사용	정지하거나 제동할 때 급감속 또는 급제동 등으로 차 안에 있는 사람이 심히 요동할 정도의 강한 제동을 한 경우	7	·시험시간 동안 채점하며, 위험방지를 위하여 부득이하게 급정지해야 하는 상황이 아닌데도 뒤따르던 차에 위험을 주거나 차 내 탑승자가 심히 요동할 정도로 급정지한 경우 채점
조향	22	핸들조작 미숙 또는 불량	1) 핸들조작을 지나치게 하거나 핸들 복원이 늦은 경우 2) 운전장치 조작 때 차체의 진동 또는 흔들림으로 인한 불균형 상태가 발생한 경우 3) 주행 중에 핸들의 아래 부분만을 잡고 있는 경우 4) 한손으로 핸들을 잡고 진행하고 있는 경우 5) 도로의 구부러진 부분을 주행하는 경우 양팔을 교차한 채로 핸들을 유지하고 있는 경우 6) 핸들을 조작할 때마다 상체가 한쪽으로 쏠릴 때	7	·시험시간 동안 채점하며, 급격한 핸들조작으로 자동차의 타이어가 옆으로 밀린 경우, 핸들복원을 하는 시기가 늦은 경우, 운전조작의 잘못으로 차체가 균형을 잃은 경우, 주행 중에 핸들의 아래 부분만을 잡거나 한손으로 잡은 경우 또는 조향장치의 조작 불량 등으로 차량의 안전운전 위험 요인이 발생할 때마다 채점
차체 감각	23	우측 안전 미확인	1) 진행방향의 교차로 직전에 이륜차 등이 있거나 이륜차 등과 나란히 하는 경우에 이륜차 등을 먼저 출발시키지 않은 경우 2) 우회전 직전에 직접 눈으로 또는 후사경으로 오른쪽 옆의 안전(사각)을 확인하지 않은 경우	7	·시험시간 동안 채점하며, 우회전 직전에 우측에서 교차로 방향으로 나란히 하던 이륜차 등을 먼저 보내지 않거나, 우측에 따라오는 이륜차 등의 유무를 고개를 숙여 후사경 등을 통하여 사각을 확인하지 아니하거나 말려듦을 확인하지 아니한 경우 채점
	24	1미터 간격 미유지	마주 오는 차와의 교행, 주·정차 차량, 건조물, 그 밖의 장애물의 옆을 통과할 때 옆쪽 간격을 1미터 이상 유지하지 못하는 경우	7	·시험시간 동안 채점하며, 부득이한 상황으로 인하여 일정한 간격을 확보할 수 없는 상황이 아닌데도 도로상의 각종 장애물과의 간격을 1미터 이상 유지하지 못하는 경우 채점
통행 구분	25	지정차로 준수위반	도로의 중앙에서 오른쪽으로 2차로(전용차로가 설치되어 운용되고 있는 도로에서는 전용차로를 제외한다) 이상의 도로 및 일방통행로에서 그 차로에 따른 통행차의 기준을 따르지 아니한 경우	7	·시험시간 동안 채점하며, 차로에 따른 통행차의 기준을 따르지 아니한 경우 채점

(뒷면 계속)

자율주행차량 센서 기반 운전면허시험 채점 자동화 연구

구분	번호	채점항목	채점내용	감점	채점요령
통행 구분	26	앞지르기 방법 등 위반	1) 시험용자동차를 앞지르기 하고 있는 자동차등의 앞지르기가 끝나기 전에 시험용자동차가 가속을 한 경우 2) 앞차가 좌회전하기 위하여 도로의 중앙 또는 좌측에 다가가서 통행하고 있는 경우에 앞지르기를 위하여 그 좌측을 통행하거나 통행하려고 한 경우 3) 앞지르기를 하려고 하는 경우에 반대방향 또는 뒤쪽 교통 및 앞차의 앞쪽 교통에 주의를 하지 않고 진행하거나 진행하려고 한 경우 4) 앞차가 다른 자동차를 앞지르고자 하는 경우에 앞지르기를 시작하거나 시작하려고 한 경우 5) 앞차의 좌측에 다른 차가 나란히 하고 있는 경우에 앞지르기를 시작하거나 시작하려고 한 경우 6) 자동차 등을 앞지르기하기 위하여 그 우측을 통행하거나 통행하려고 한 경우 7) 다음 장소에서 다른 자동차(이륜차는 제외한다)을 앞지르기 위하여 진로를 변경하거나 변경하려고 한 경우 또는 앞차의 옆을 통과하거나 통과하려고 한 경우 가) 도로의 구부러진 곳 나) 오르막길의 정상부근 다) 급한 내리막길 라) 교차로 마) 터널 안 바) 다리 위 사) 철길건널목 또는 횡단보도 등의 앞가장자리에서 차량진행 방향으로 30미터 이내의 부분 아) 시·도경찰청장이 안전표지로 지정한 곳	7	·시험시간 동안 채점하며, 시험용자동차를 앞지르고 있는 다른 차의 앞지르기를 고의로 방해하거나 앞지르기 방법을 위반하여 앞지르기를 한 경우 또는 앞지르기를 금지하는 때와 장소에서 앞지르기를 한 경우 채점
	27	끼어들기 금지 위반	1) 도로의 합류지점에서 정당하게 진입하지 않은 경우 2) 경찰공무원 등의 지시에 따르거나 위험방지를 위하여 정지 또는 서행하고 있는 다른 차 앞을 끼어들 경우	7	·시험시간 동안 채점하며, 정당한 차로변경과 달리 빨리 가기 위해 신호나 지시에 따라 정상적으로 주행하는 차량 앞으로 진행하는 경우 채점
	28	차로유지 미숙	1) 직선도로를 통행하거나 구부러진 도로를 돌 때 차로를 침범하여 통행한 경우 2) 안전지대 또는 출입금지부분에 들어가거나 들어가려고 한 경우 3) 길가장자리 구역에 차체의 일부가 넘어가 통행하거나 통행하려고 한 경우	5	·시험시간 동안 채점하며, 시험용차량이 다른 차로를 함부로 침범하여 통행한 경우 또는 진입이 금지된 장소를 침범하여 운전한 경우 또는 보행자 통행을 위한 길가장자리구역을 차체가 침범한 상태로 통행한 경우 채점(법령에 따른 경우 또는 마주 오는 차와의 교행 등으로 인하여 부득이하게 세부항목을 위반한 경우로서 보행자나 이륜차 등의 통행을 방해할 우려가 없는 경우에는 적용하지 않는다)
진로 변경	29	진로 변경 시 안전 미확인	진로를 변경하려는 경우(유턴을 포함한다)에 고개를 돌리는 등 적극적으로 안전을 확인하지 않은 경우	10	·시험시간 동안 채점하며, 통행차량에 대한 안전을 고개를 돌리거나 후사경 등으로 적극적으로 확인하지 않고 진로를 변경하거나 회전한 경우 채점

(뒷면 계속)

구분	번호	채점항목	채점내용	감점	채점요령
진로 변경	30	진로 변경신호 불이행	진로변경 때 변경신호를 하지 않은 경우	7	• 시험시간 동안 채점하며, 진로를 변경할 때 진로를 변경하려는 방향으로 해당 방향지시등을 켜지 않은 경우 채점
	31	진로변경 30미터 전 미신호	진로변경 30미터 앞쪽 지점부터 변경 신호를 하지 않은 경우	7	• 시험시간 동안 채점하며, 진로를 변경할 때 안전 확보를 위해 진로변경 30미터 앞쪽지점부터 진로를 변경하려는 방향으로 해당 방향지시등을 켜지 않은 경우 채점
	32	진로변경 신호 미유지	진로변경이 끝날 때까지 변경 신호를 계속하지 않은 경우	7	• 시험시간 동안 채점하며, 진로변경이 끝날 때까지 방향지시등을 유지하지 못하는 경우 채점
	33	진로변경 신호 미중지	진로변경이 끝난 후에도 변경 신호를 중지하지 않은 경우	7	• 시험시간 동안 채점하며, 안전하게 진로변경을 하고도 방향지시등을 끄지 않고 10미터 이상 계속해서 주행하는 경우 채점
	34	진로변경 과다	다른 통행차량 등에 대한 배려 없이 연속해서 진로를 변경하는 경우	7	• 시험시간동안 채점하며, 뒤쪽이나 옆쪽 교통의 안전을 무시하고 연속적으로 2차로 이상 진로변경을 하는 경우 채점
	35	진로변경 금지장소에서의 진로변경	1) 진로변경이 금지된 교차로, 횡단보도 등에서 진로를 변경하는 경우 2) 유턴할 수 있는 구간에서 차량이 중앙선을 밟거나 넘어가서 유턴한 경우	7	• 시험시간 동안 채점하며, 교차로, 횡단보도 등 진로변경이 금지된 장소에서 진로변경을 하거나 차량이 중앙선을 밟거나 넘어간 상태에서 유턴하는 경우 채점
	36	진로변경 미숙	1) 뒤쪽에서 진행하여 오는 자동차가 급히 감속 또는 방향을 급변경하게 할 우려가 있음에도 진로를 바꾸거나 바꾸려고 한 경우 2) 진로를 바꿀 수 있음에도 불구하고 그 시기를 놓치고 진로를 바꾸지 않았기 때문에 뒤쪽에서 진행해 오는 자동차 등의 통행에 방해가 된 경우	7	• 시험시간 동안 채점하며, 무리하게 진로를 변경함으로써 뒤쪽 차에게 위험을 주게 한 경우 또는 진로변경으로 뒤쪽 차에 차로를 양보할 수 있었음에도 시기를 놓쳐 뒤쪽 차의 교통을 방해한 경우 채점
교차로 통행 등	37	서행 위반	다음의 장소에서 서행하지 않은 경우 1) 좌회전 또는 우회전이 필요한 도로인 경우 2) 교통정리를 하지 않고 있는 교차로에 들어가려고 하는 경우 3) 안전표지 등으로 지정된 서행장소를 통행하는 경우 4) 좌·우를 확인할 수 없는 교차로에 들어가려고 하는 경우 5) 도로의 모퉁이 부근 또는 오르막길의 정상부근 또는 경사가 급한 내리막길을 통행하는 경우	10	• 시험시간 동안 채점하며, 서행을 하도록 규정한 경우와 서행장소에서 서행을 하지 않은 경우 채점

(뒷면 계속)

자율주행차량 센서 기반 운전면허시험 채점 자동화 연구

구분	번호	채점항목	채점내용	감점	채점요령
교차로 통행 등	38	일시정지 위반	다음의 장소에서 일시정지하지 않은 경우 1) 교통정리가 행하여지고 있지 아니하고 좌우를 확인할 수 없거나 교통이 빈번한 교차로 2) 안전표지 등에 의하여 지정된 일시정지장소를 통행하는 경우	10	·시험시간 동안 채점하며, 일시정지를 하도록 규정한 경우와 장소에서 일시정지를 하지 않은 경우 채점
	39	교차로 진입 통행 위반	교차로에서 우회전시 미리 도로의 우측 가장자리를, 좌회전 때 미리 도로의 중앙선을 따라 교차로의 중심 안쪽을 각각 서행하지 않은 경우	7	·시험시간 동안 채점하며, 교차로에서 좌·우회전할 때 교차로 통행방법을 위반한 경우 채점
	40	신호차 방해	교차로에서 좌·우회전하려고 손이나 방향지시기 또는 등화로써 신호를 하는 차가 있는 경우에 그 차의 진행을 방해한 경우	7	·시험시간 동안 채점하며, 교차로에서 좌·우회전하는 다른 차의 교통을 방해한 경우 채점
	41	꼬리 물기	신호기에 의하여 교통정리가 행하여지고 있는 교차로에서 진행하려는 진로의 앞쪽에 있는 차의 상황에 따라 교차로(정지선이 설치되어 있는 경우에는 그 정지선을 넘은 부분을 말한다)에 정지하게 되어 다른 차의 통행에 방해가 될 우려가 있음에도 그 교차로에 진입한 경우	7	·시험시간 동안 채점하며, 교차로에서 정지선을 지나서 교차로에 진입하여 다른 차량의 교통에 방해가 되는 경우 채점
	42	신호 없는 교차로 양보 불이행	1) 교통정리가 행하여지고 있지 않은 교차로에서 다른 도로로부터 이미 그 교차로에 들어가고 있는 차가 있는 경우에 그 차의 진행을 방해한 경우 2) 교통정리가 행하여지고 있지 않은 교차로에서 시험용자동차와 동시에 교차로에 들어가려고 하는 우측도로의 차에 진로를 양보하지 않은 경우 3) 교통정리를 하고 있지 않은 교차로에서 시험용자동차가 통행하는 도로보다 폭이 넓은 도로로부터 그 교차로에 들어가려고 하는 다른 차가 있는 경우에 그 차에게 진로를 양보하지 않은 경우	7	·시험시간 동안 채점하며, 교차로 통행방법을 위반하였거나 교차로 안에서 부득이한 사유 없이 차량을 정차하여 다른 차의 교통을 방해한 경우 채점
	43	횡단보도 직전 일시정지 위반	1) 횡단보도예고표시(시행규칙 별표 6 제5호 노면표시 529)부터 서행하지 아니한 경우 2) 횡단보도 정지선 또는 횡단보도 직전에 정지하지 아니하여 앞범퍼가 정지선 또는 횡단보도를 침범한 경우	10	·시험시간 동안 채점하며, 채점횡단보도예고표시가 있는 지점부터 서행으로 진입하지 아니하거나, 횡단보도 정지선 또는 횡단보도를 침범한 경우 채점

(뒷면 계속)

II. 채점시스템 현황

구분	번호	채점항목	채점내용	감점	채점요령
주행 종료	44	종료주차 브레이크 미작동	시험종료 후 주차브레이크를 당기지 않은 경우	5	・시험종료 후 차량이 정지한 상태에서 주차브레이크를 조작하지 않은 경우 채점
	45	종료 엔진 미정지	시험종료 후 엔진시동을 끄지 않은 경우	5	・시험종료 후 엔진시동을 끄지 않고 하차하는 경우 채점
	46	종료 주차 확인 기어 미작동	시험종료 후 기어 등을 바르게 하지 않은 경우	5	・시험종료 후 차량의 안전을 위해 기어를 1단 또는 후진으로 하지 않은 경우(자동변속기가 있는 자동차의 경우는 선택레버를 P의 위치로 두지 않은 경우를 말한다) 채점
실격	47	현저한 운전능력 부족	3회 이상 출발불능, 클러치 조작 불량으로 인한 엔진정지, 급브레이크 사용, 급조작・급출발 또는 그 밖에 운전능력이 현저하게 부족한 것으로 인정할 수 있는 행위를 한 경우		
	48	교통사고 위험	안전거리 미확보나 경사로에서 뒤로 1미터 이상 밀리는 현상 등 운전능력 부족으로 교통사고를 일으킬 위험이 현저한 경우 또는 교통사고를 야기한 경우		
	49	시험관 통제지시 불응	음주, 과로, 마약・대마 등 약물의 영향이나 휴대전화 사용 등 정상적으로 운전하지 못할 우려가 있거나, 교통안전과 소통을 위한 시험관의 지시 및 통제에 불응한 경우		
	50	신호지시 위반	법 제5조에 따른 신호 또는 지시에 따르지 않은 경우		
	51	보행자 보호 위반	법 제10조부터 제12조까지, 제12조의2 및 제27조에 따른 보행자 보호의무 등을 소홀히 한 경우		
	52	보호구역 지정속도 위반	법 제12조 및 제12조의2에 따른 어린이보호구역, 노인 및 장애인 보호구역에 지정되어 있는 최고 속도를 초과한 경우		
	53	중앙선 침범	법 제13조제3항에 따라 도로의 중앙으로부터 우측 부분을 통행하여야 할 의무를 위반한 경우		
	54	지정속도 위반	법령 또는 안전표지 등으로 지정되어 있는 최고 속도를 시속 10킬로미터 초과한 경우		
	55	긴급자동차 미양보	법 제29조에 따른 긴급자동차의 우선통행 시 일시정지하거나 진로를 양보하지 않은 경우		
	56	어린이통학버스 보호 위반	법 제51조에 따른 어린이통학버스의 특별보호의무를 위반한 경우		
	57	좌석안전때 미착용	시험시간 동안 좌석안전띠를 착용하지 않은 경우		

자료 : 법제처, "도로교통법 시행규칙 [별표 26]", 2021

III. 채점빈도 분석 및 설문조사

III. 채점빈도 분석 및 설문조사

1. 도로주행 채점빈도 분석

도로주행 운전면허시험의 채점 자동화를 위해 채점 정량화가 필요하고, 정량화에 앞서 명확한 채점기준에 대한 검토가 필요하다. 채점기준에 대한 검토를 위해 시험관(기능검정원)의 채점빈도를 분석하여 채점빈도가 낮은 항목에 대해 파악하였다.

도로주행 채점시스템상의 하나인 자료전송컴퓨터에 저장된 2021년 도로교통공단 27개 운전면허시험장의 채점빈도 자료를 수집하려고 하였으나, 총 57개 채점항목 중 실격 항목 등 약 20개가 누락되어 있어 모든 채점항목 자료 수집이 가능하고 통계적으로도 차이가 없는 1개 시험장의 자료를 바탕으로 분석하였다.[6]

채점빈도를 분석한 결과 ① 신호 중지, ② 앞지르기 방법 등 위반, ③ 끼어들기 금지, ④ 긴급자동차 진로 미양보, ⑤ 어린이 통학버스 보호 위반 등 5개 채점항목이 거의 채점이 이루어지지 않는 것으로 분석되었다. (전체 빈도회수 23,211회 대비 채점빈도 0.0%로 나타남)

<표 3-1> 2021년 도로주행시험 채점빈도 (1종, 2종 보통)

구분	번호	자동 여부	채점항목	27개 시험장 채점빈도(회)	27개 시험장 채점빈도(%)	1개 시험장 채점빈도(회)	1개 시험장 채점빈도(%)
출발전 준비	1	자동	주차브레이크 미해제	7,906	1.0	201	0.9
출발전 준비	2	자동	차문닫힘 확인	907	0.1	47	0.2
출발	3	자동	10초 내 미시동	3,559	0.5	57	0.2
출발	4	자동	급조작,급출발	3,260	0.4	66	0.3
출발	5	자동	시동장치 조작미숙	19,318	2.5	515	2.2
출발	6	반자동	20초내 미출발	3,637	0.5	15	0.1
출발	7	반자동	신호 안함	31,646	4.0	696	3.0
출발	8	반자동	신호 계속	11,630	1.5	347	1.5
운전자세	9	자동	정지중 기어미중립	-	-	1,899	8.2

(뒷면 계속)

---

[6] 분산 동질성에 대한 귀무가설 (H0 = 두 집단 분산은 동질하다) 에 대해 검정한 결과 p값이 0.016으로 유의수준 0.05보다 낮게 산출되어 분산이 동질하지 않은 것으로 나타남. 따라서, 이분산을 가정한 t-검정 결과 p값이 0.099으로 유의수준 0.05보다 높게 산출되어 두 집단 간의 차이가 없는 것으로 분석됨.

자율주행차량 센서 기반 운전면허시험 채점 자동화 연구

구분	번호	자동여부	채점항목	27개 시험장		1개 시험장	
				채점빈도(회)	채점빈도(%)	채점빈도(회)	채점빈도(%)
가속 및 속도유지	10	자동	가속 불가	11,410	1.5	463	2.0
	11	반자동	엔진 정지	44,363	5.7	891	3.8
	12	반자동	저속	19,927	2.5	421	1.8
	13	반자동	속도 유지 불능	11,167	1.4	191	0.8
제동 및 정지	14	자동	엔진브레이크 사용 미숙	20,452	2.6	397	1.7
	15	자동	정지 때 미제동	15,615	2.0	181	0.8
	16	반자동	급브레이크 사용	38,081	4.9	708	3.1
주행종료	17	자동	종료주차 브레이크 미작동	2,926	0.4	382	1.6
	18	자동	종료 엔진 미정지	15,369	2.0	1,280	5.5
실격	19	자동	현저한 운전능력 부족	-	-	153	0.7
	20	자동	보호구역에서 지정속도 위반	-	-	40	0.2
	21	자동	지정속도 위반	-	-	97	0.4
	22	자동	좌석 안전띠 미착용	-	-	84	0.4
출발전 준비	23	수동	차량점검 및 안전미확인	6,812	0.9	125	0.5
출발	24	수동	주변 교통 방해	26,432	3.4	425	1.8
	25	수동	심한진동	8,297	1.1	219	0.9
	26	수동	신호 중지	278	0.0	11	0.0
제동 및 정지	27	수동	제동 방법 미흡	18,661	2.4	116	0.5
조향	28	수동	핸들 조작 미숙 또는 불량	90,443	11.5	1,067	4.6
차체감각	29	수동	우측 안전 미확인	5,027	0.6	21	0.1
	30	수동	1미터 간격 미유지	8,433	1.1	79	0.3
통행구분	31	수동	지정차로 준수 위반	-	-	284	1.2
	32	수동	앞지르기 방법 등 위반	-	-	7	0.0
	33	수동	끼어들기 금지	-	-	7	0.0
	34	수동	차로유지 미숙	-	-	1,073	4.6
진로변경	35	수동	진로 변경 때 안전 미확인	20,355	2.6	166	0.7
	36	수동	진로변경신호 불이행	46,638	5.9	887	3.8
	37	수동	진로변경 30미터전 미신호	105,131	13.4	2,440	10.5
	38	수동	진로 변경 신호 미유지	21,179	2.7	1,234	5.3
	39	수동	진로 변경 신호 미중지	46,790	6.0	1,077	4.6
	40	수동	진로 변경 과다	9,176	1.2	152	0.7
	41	수동	진로 변경 금지 장소 변경	47,225	6.0	383	1.7
	42	수동	진로 변경 미숙	28,008	3.6	627	2.7

(뒷면 계속)

구분	번호	자동여부	채점항목	27개 시험장 채점빈도(회)	27개 시험장 채점빈도(%)	1개 시험장 채점빈도(회)	1개 시험장 채점빈도(%)
교차로통행	43	수동	서행 위반	-	-	897	3.9
	44	수동	일시정지 위반	-	-	71	0.3
	45	수동	교차로 진입 통행 위반	27,435	3.5	667	2.9
	46	수동	신호차 방해	1,798	0.2	66	0.3
	47	수동	꼬리 물기	-	-	68	0.3
	48	수동	신호 없는 교차로 양보 불이행	-	-	39	0.2
	49	수동	횡단보도 직전 일시 정지	870	0.1	87	0.4
주행종료	50	수동	종료 주차 확인 기어 미작동	4,101	0.5	145	0.6
실격	51	수동	안전거리 미확보 교통사고 위험야기	-	-	84	0.4
	52	수동	시험관의 이행지시 불응	-	-	125	0.5
	53	수동	신호위반	-	-	1,112	4.8
	54	수동	보행자 보호 위반	-	-	234	1.0
	55	수동	중앙선 침범	-	-	82	0.4
	56	수동	긴급자동차 진로 미양보	-	-	0	0.0
	57	수동	어린이 통학버스 보호 위반	-	-	3	0.0
합계				784,262	100.0	23,211	100.0

자료 : 도로교통공단, 운전면허시험 채점빈도 내부자료, 2021

<표 3-2> 도로주행 시험장간 채점빈도(%) 차이 t-검정결과

구분	시험장 구분	평균	표준편차	분산의 동질성 검정	t값	p값
채점빈도(%)	27개 시험장	2.7	3.0	p=0.016	1.675	0.099
	1개 시험장	1.8	2.2			

주 : 유의확률(양쪽) p<0.05, 이분산 가정 두집단 t검정

2. 운전면허 시험관 의견 조사

도로주행 운전면허시험의 채점 정량화에 앞서 현재 채점 시스템의 채점기준과 개선사항에 대하여 현장에서의 운전면허시험을 채점하는 시험관(기능검정원)의 의견을 조사하였다. 주요 설문 내용은 도로주행 및 장내기능 채점항목 및 채점시스템 개선사항, 도로주행 채점빈도가 낮은 항목에 대한 미채점 사유, 도로주행 애매모호한 채점기준에 대한 시험관 의견 등의 내용으로 구성하였다.

<표 3-3> 운전면허시험 시험관 설문조사 장소 및 수량

합계	서울권 2개 시험장	경기권 1개 시험장	강원권 1개시험장
59부	33부	18부	8부

주 : 설문조사 기간 2022년 11월 7일 ~ 11월 18일, 설문수량 총 59부

1) 장내기능 채점항목 및 채점시스템 개선사항

① 장내기능 채점항목 및 센서 관련 개선사항

장내기능시험 21개 채점항목에 대한 의견조사 결과 "앞유리창닦이기 조작" 항목이 개선이 필요한 것으로 전체 응답자 중 약 23%가 응답하였다.

기본조작 중 "앞유리창닦이기와 전조등"은 운전능력과 관련성이 높지 않아 항목 제외가 필요하다는 의견이고, 가속코스의 경우 10점 감점(미가속)과 실격(미변속) 두 가지로 나뉘어진 것이 형평성에 문제가 있다는 의견이다.

[그림 3-1] 장내기능 채점항목 개선사항

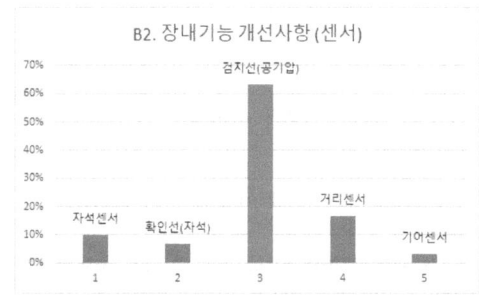

[그림 3-2] 장내기능 센서 개선사항

현재 장내기능시험에서 사용하고 5개의 센서와 관련하여 "검지선(공기압) 센서"가 개선이 필요한 것으로 전체 응답자 중 약 63%가 응답하였다.

직각주차에서 사용되는 검지선(공기압) 센서는 기온에 민감하여 너무 춥거나 더울 때 오작동이 많고, 회전 시 바퀴에 의한 찢김 현상등의 파손이 많은 관계로 사용이 가장 불편하고 문제점이 있는 센서로 응답하였고, 기타 향후 광센서 등의 첨단 센서로의 대체가 필요하다는 의견도 있었다.

② 도로주행 채점항목 개선사항

도로주행 자동 채점항목 22개 중 전체 응답자 중 22%가 "정지 중 기어 미중립" 항목이 개선이 필요하다고 응답하였다.

정지 중 기어 미중립은 원래 취지인 환경개선 등 주행능력과 무관하여 삭제 필요하다는 의견과 현재 10초 → 5초로 강화하자는 의견 등 서로 상반되는 의견이 존재하고 있다. 정지 중 기어 미중립 다음으로 주차브레이크 미해제, 20초내 미출발, 저속 채점항목이 개선이 필요하다고 응답하였다.

"주차브레이크 미해제"는 현재 장내기능시험에 채점항목이 없는 관계로 동일한 채점항목 신설이 필요하고, 위반 시 현재 10점 감점 → 실격으로 강화하는 의견이다. "20초 내 미출발"은 현재 시험관 출발 입력 후 20초 내 1미터 이상 이동하지 못한 경우 감점 10점이 되는 항목으로 출발점에서도 적용하자는 것과 20초 → 10초로 강화하자는 의견이다. "저속"은 시험관이 휴대컴퓨터에서 가속 지시 후 15초내 주행 속도의 20킬로미터 범위내에서 설정된 해당속도에 도달하지 못할 경우 5점을 감점하는 항목으로 1회만 실시하는 것을 상향하자는 의견이다.

도로주행 수동 채점항목 35개 중 전체 응답자 중 13%가 "끼어들기 금지" 항목이 개선이 필요하다고 응답하였다.

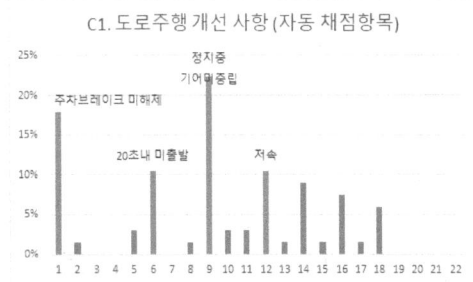 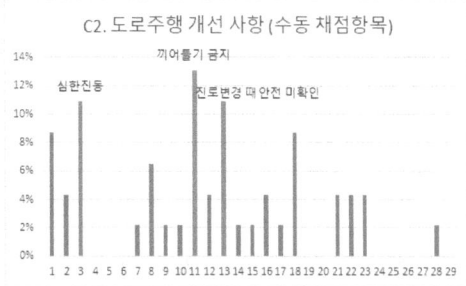

[그림 3-3] 도로주행 채점항목 개선사항(자동)   [그림 3-4] 도로주행 채점항목 개선사항(수동)

끼어들기 금지는 초보가 불가능하여 거의 채점이 발생하지 않아 재검토가 필요하다고 응답하였다. 이는 끼어들기에 대한 기준이 불명확하여 미채점되는 것으로 추정된다. 끼어들기 금지 항목 다음으로 심한진동, 진로변경 때 안전 미확인 채점항목이 개선이 필요하다고 응답하였다.

"심한 진동"은 일명 "말타기" 현상으로 수동차량에서 클러치와 가속 페달의 부조화로 인하여 차량이 심하게 덜컹거리거나 출렁거릴 때 5점 감점하는 항목으로 급조작급출발, 엔진정지 등 동시에 발생할 수 있어 항목 세분화가 필요하다고 응답하였으나, 좀 더 명확한 채점방안이 필요한 항목으로 보인다. "진로변경 때 안전 미확인"은 10점 감점항목으로 차로변경 시 안전 미확인에 대한 기준이 시험의 주관적 판단으로 민원소지가 많아 좀 더 명확한 채점방안이 필요한 것으로 응답하였다.

③ 장내기능 및 도로주행 채점시스템 관련 전반적 개선사항

현재의 채점시스템과 개선과 관련하여 장내기능과 도로주행 모두 전체 응답자 중 각각 32%, 42%가 "첨단기능 도입"이 가장 필요할 것으로 응답하였다.

이는 현재 채점시스템이 도입된 지 약 10년이 넘고 첨단 기술의 지속적 반영에 대한 요구라고 해석된다. 또한 첨단기능 도입 다음으로 영상기록 도입을 응답하였는데, 이는 현재 장내기능시험에서 영상기록장치가 없고, 도로주행시험에서도 시중에 판매되는 블랙박스 영상으로 민원 제기 시 대응하고 있어 불편함이 많은 것으로 추정된다.

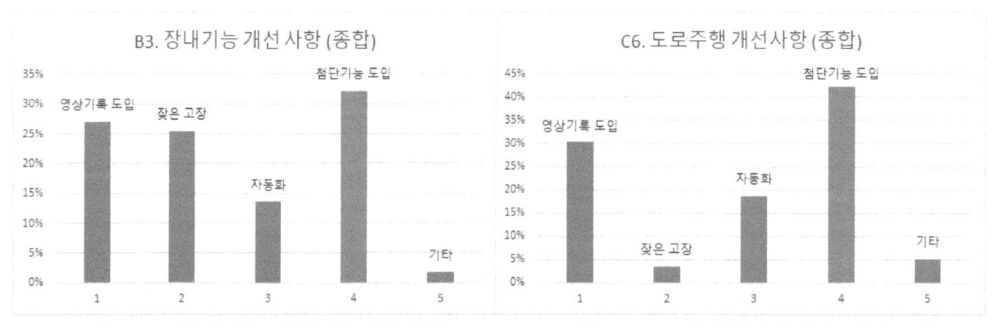

[그림 3-5] 장내기능 전반적 개선사항   [그림 3-6] 도로주행 전반적 개선사항

④ 도로주행 미채점 사유

도로주행 채점빈도 0.0%로 분석된 5개 채점항목과 비교적 낮은 빈도 0.2%를 보이는 "신호 없는 교차로 양보"와 관련하여 미채점 사유에 대한 시험관의 의견에 대한 내용이다.

미채점 사유에 대해 「① 미발생, ② 채점기준 모호, ③ 채점방법 부재, ④ 기타」 등을 보기로 제시하여 의견을 물은 결과, 전체 응답자 59명 중 "신호 중지" 항목이 채점기준 모호(57%), "앞지르기 위반" 항목이 미발생(49%), "끼어들기 위반" 항목이 미발생(54%), "신호 없는 교차로 양보" 항목이 미발생(42%), "긴급차량" 항목이 미발생(71%), "어린이 통학버스 보호 위반" 항목이 미발생(56%) 한 것으로 응답하였다.

"신호중지"의 경우 진로변경 신호 미유지 채점항목과 중복되어 채점기준 모호로 응답한 것으로 추정되며, "앞지르기 위반"은 실제 도로주행시험 시 응시생이 시험 상황에서 앞지르기를 시도할 이유가 없기 때문에 미발생 응답이 높은 것으로 보인다. "끼어들기 위반"과 "신호 없는 교차로 양보 불이행"의 경우는 도로주행시험이 차량정체가 잘 발생하지 않는 시간대에 수행되어 미발생되는 것으로 보이며, 마지막으로 "긴급차량 진로 미양보"와 "어린이 통학버스 보호 위반"은 현장에서 잘 발생되지 않기 때문에 미발생 응답이 높은 것으로 보인다.

하지만, 미채점 사유와 관련하여 미발생 다음으로 채점기준 모호가 응답 비율이 높은 것으로 볼 때 채점 자동화를 위한 채점기준 검토가 필요할 것으로 판단된다.

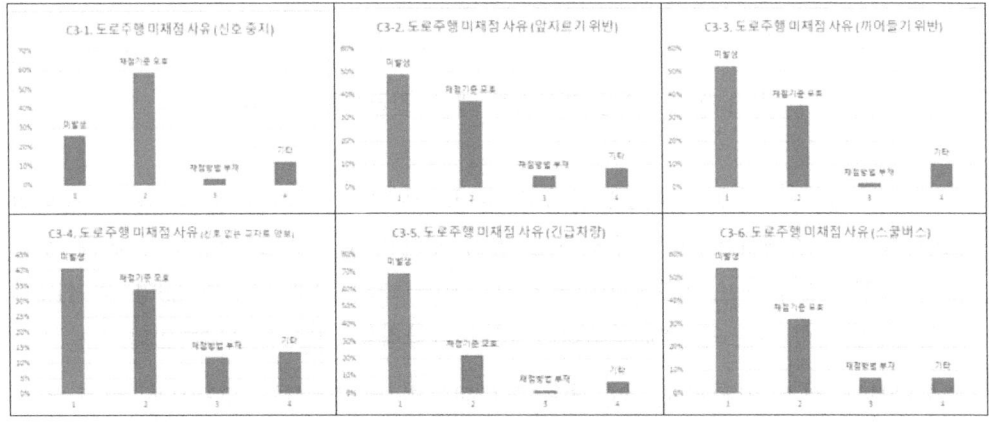

[그림 3-7] 도로주행 미채점 사유

⑤ 도로주행 채점기준 개선에 대한 의견

앞에서 살펴본 채점빈도가 낮은 "긴급자동차 진로 미양보"와 "어린이 통학버스 보호 위반" 채점항목 2가지와 추가적으로 채점기준에 대한 검토가 필요한 "서행 위반", "횡단보도 직전 일시정지", "신호지시 위반" 3개의 채점항목에 대한 채점기준 개선방안에 대해 시험관 의견을 질의하여 그 결과에 대해 기술하였고, 자세한 사항은 채점기준 검토부분을 참조하도록 하였다.

"긴급차량 진로 미양보"은 구체적인 채점방법이 없어 캐나다 벤쿠버 사례를 참고로 긴급차량에게 인식하였음과 차량을 이동중임을 알리는 방향지시등 적용여부와 소방청의 긴급자동차 길터주기 요령에서 긴급차량 접근시 차로준수에 대한 의견을 질의한 결과 전체 응답자 59명 중 74%가 2가지 모두 적용하는 것이 바람직한 것으로 응답하였다.

"어린이 통학버스 보호 위반"과 관련하여 다차로에서 일시정지 해당 여부를 질의한 결과 전체 응답자 59명 중 57%가 정차 중인 어린이 통학버스 바로 뒷차로만 적용하는 것이 바람직한 것으로 응답하였다.

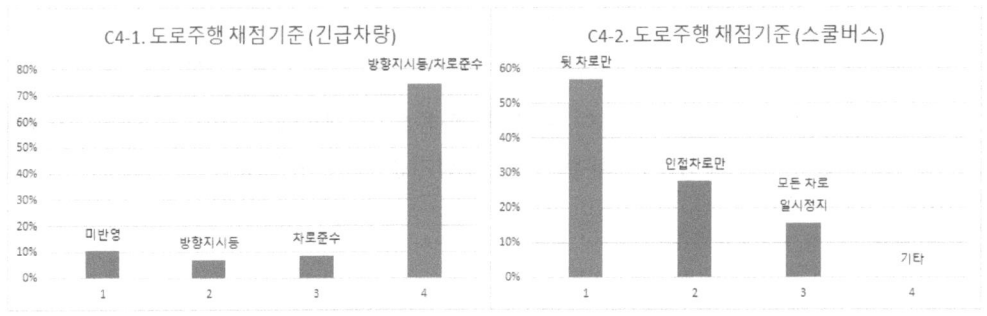

[그림 3-8] 도로주행 채점기준 개선 (긴급차량, 스쿨버스)

"서행 위반"의 경우 도로교통법에서 운전자가 즉시 정지시 킬 수 있는 정도의 느린 속도로 진행하는 것을 정의하고 있어 구체적인 기준을 적용하기 위해 주행 또는 제한속도의 어느 정도 감속해야 하는지에 대해 전체 응답자 59명 중 41%가 주행 또는 제한 속도의 30% 감속하는 것이 바람직할 것으로 응답하였다.

"횡단보도 직전 일시정지"의 경우 도로교통법 규정에서는 횡단보도 직전 일시정지 의무 규정이 없고, 현재의 채점기준도 서행 또는 침범에 대한 내용으로 명시되어 있어 채점항목 명칭 변경에 대해 질의한 결과 전체 응답자 59명 중 44%가

Ⅲ. 채점빈도 분석 및 설문조사

서행과 침범 위반으로 변경하는 것이 바람직한 것으로 응답하였다.

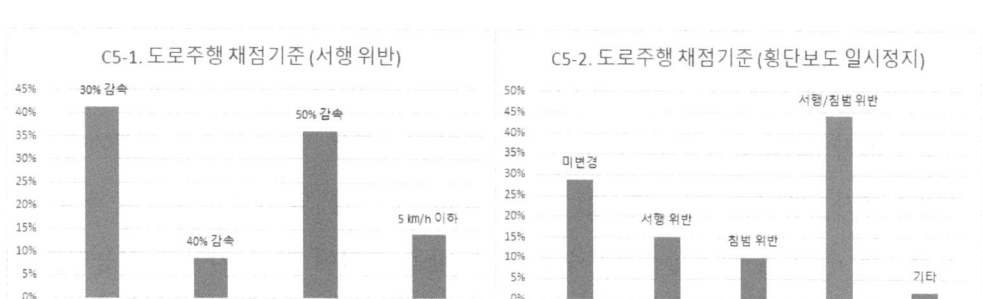

[그림 3-9] 도로주행 채점기준 개선 (서행 위반, 횡단보도 일시정지)

"신호지시 위반"의 경우 현재 노면표시 기준에서는 좌회전 차로에서 직진금지 표시가 있는 경우에만 실격처리하고, 직진 차로에서 좌회전 금지 표지와 상관 없이 좌회전 하는 것은 감점하는 것으로 되어 있어 혼동이 발생할 수 있고 우리나라의 지시표지에 해당하는 국제협약 강제표지도 별다른 금지표시가 없어도 해당 방향의 통행 금지를 의미하고 있기 때문에 교차로 방향별 노면표시 위반과 관련하여 채점기준에 대한 의견을 질문한 결과 전체 응답자 59명 중 46%가 금지표시와 상관없이 "신호지시 위반"으로 실격하는 것이 바람직하다고 응답하였다.

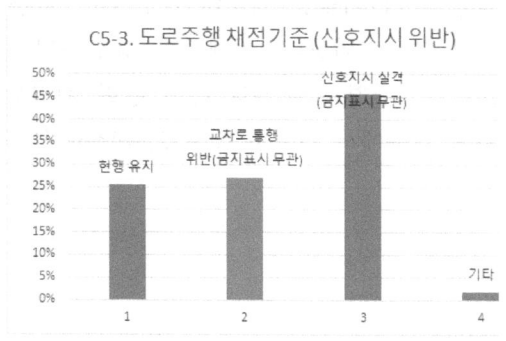

[그림 3-10] 도로주행 채점기준 개선 (신호지시 위반)

3. 자율주행 전문가 의견 조사

자율주행 센서와 첨단기능을 활용하여 도로주행시험 채점 자동화 가능성 및 적용 가능한 센서들에 대해 총 9명의 전문가에게 2차례 걸쳐 서면으로 질문하였다.

○1차 조사 : 2022년 4월 11일(월) ~ 4월 17일(일), 교통 및 자율주행 전문가 5명

○2차 조사 : 2022년 4월 18일(월) ~ 4월 24일(일), 교통 및 자율주행 전문가 4명

도로주행 총 57개 채점항목 중 수동 35개 항목 각각에 대한 자동화 가능성에 물었고 각각을 모두 합산할 경우 '높음'으로 응답한 비율이 49%, '중간'으로 응답한 비율이 33%, '낮음'으로 응답한 비율이 13%로 나타났다. 자동화 가능성이 높은 채점항목으로는 '신호중지', '진로변경 신호 불이행', '진로변경 30미터 전 미신호', '진로변경 신호 미유지', '진로변경 신호 미중지', '진로변경 금지장소 변경' 등이라고 응답하였고, 자동화 가능성이 중간인 채점항목으로는 '꼬리물기', '신호 없는 교차로 양보 불이행', '신호지시 위반', '보행자 보호 위반' 등으로 응답하였고, 자동하 가능성이 낮은 채점 항목으로는 '끼어들기 금지 위반', '시험관 지시 및 통제 불응' 등으로 응답하였다.

도로주행 수동 채점항목 35개 각각에서 필요한 자율주행 센서를 합산한 결과, 카메라가 39%로 가장 높았고, 다음으로는 맵(정밀지도, GPS)이 21%, ECU 18% 순으로 나타났다. 카메라의 경우 인공지능을 사용한 컴퓨터 비전 기술을 의미하였고, 맵은 정밀지도와 GPS를 사용한 측위 기술을 의미하며, ECU는 차량 상태에 대한 정보를 얻을 수 있는 전자제어장치를 의미한다. 카메라의 경우 모든 채점항목에서 필요한 것으로 응답하였고, 맵은 진로변경과 교차로 통행 관련 채점항목에서, ECU는 출발, 제동, 조향, 진로변경 관련 항목에서 필요한 것으로 응답하였다.

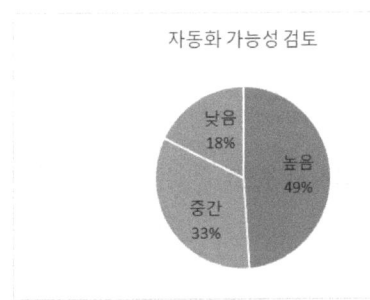
[그림 3-11] 자동화 가능성에 대한 의견

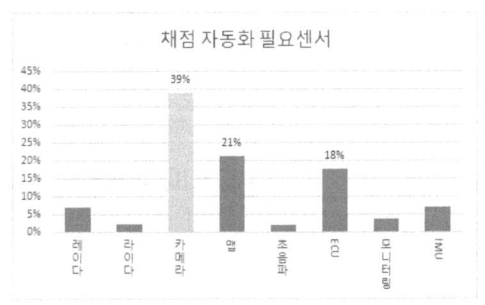
[그림 3-12] 자동화에 필요한 센서 의견

<표 3-4> 수동 채점항목별 자동화 가능성에 대한 전문가 의견

구분	번호	채점항목	자동화 가능성 (명)			
			높음	중간	낮음	소계
출발 전 준비	1	차량점검 및 안전 미확인	3	5	1	9
출발	2	주변교통방해	4	5		9
	3	심한진동	7	1	1	9
	4	신호중지	9			9
제동 및 정지	5	제동방법 미흡	4	4	1	9
조향	6	핸들조작 미숙 또는 불량	2	4	3	9
차체감각	7	우측안전 미확인	3	4	2	9
	8	1미터 간격 미유지	4	4	1	9
통행구분	9	지정차로 준수 위반	6	3		9
	10	앞지르기방법 등 위반	1	4	4	9
	11	끼어들기 금지 위반		3	6	9
	12	차로유지 미숙	5	4		9
진로변경	13	진로변경시 안전 미확인	6	2	1	9
	14	진로변경 신호 불이행	9			9
	15	진로변경 30미터 전 미신호	9			9
	16	진로변경 신호 미유지	9			9
	17	진로변경 신호 미중지	9			9
	18	진로변경 과다	6	2	1	9
	19	진로변경 금지장소 변경	8	1		9
	20	진로변경 미숙	4	2	3	9
교차로통행등	21	서행 위반	6	2	1	9
	22	일시정지 위반	4	4	1	9
	23	교차로 진입통행 위반	5	4		9
	24	신호차 방해	1	3	5	9
	25	꼬리물기	2	6	1	9
	26	신호 없는 교차로 양보 불이행		6	3	9
	27	횡단보도 직전 일시정지 위반	7	2		9
주행종료	28	종료 주차확인 기어 미작동	6	2	1	9
실격기준	29	교통사고 위험, 야기	4	3	2	9
	30	시험관 지시 및 통제 불응	1	1	7	9
	31	신호/지시위반	2	6	1	9
	32	보행자 보호 위반	2	6	1	9
	33	중앙선 침범	5	3	1	9
	34	긴급자동차 진로 미양보		5	4	9
	35	어린이통학버스 보호 위반	1	4	4	9
합 계			154 (49%)	105 (33%)	56 (18%)	315 (100%)

<표 3-5> 수동 채점항목별 자동화를 위한 센서에 대한 의견

구분	번호	채점항목	레이더	라이다	카메라	맵	초음파	ECU	운전모니터링	IMU	소계
출발 전 준비	1	차량점검 및 안전 미확인			5				3		8
출발	2	주변교통방해	2		5	1		2			10
	3	심한진동						5			5
	4	신호중지			8	1		4			13
제동 및 정지	5	제동방법 미흡	1	1	5	1	4	4			16
조향	6	핸들조작 미숙 또는 불량			5			3		1	9
차체감각	7	우측안전 미확인	1		4		1		3	1	10
	8	1미터 간격 미유지	3	1	6	1	2				13
통행구분	9	지정차로 준수 위반			6	7		1			14
	10	앞지르기방법 등 위반	3	2	4						9
	11	끼어들기 금지 위반	1	2	2	1					6
	12	차로유지 미숙			7	5		1			13
진로변경	13	진로변경시 안전 미확인			5	2		3	3	2	15
	14	진로변경 신호 불이행			4	1		6	1	3	15
	15	진로변경 30미터 전 미신호			5	4		5	1	2	17
	16	진로변경 신호 미유지,			6	2		5	1	2	16
	17	진로변경 신호 미중지			6	4		5	1	2	18
	18	진로변경 과다		1	6	2		3	1	2	15
	19	진로변경 금지장소 변경			8	5		1	1	2	17
	20	진로변경 미숙	3		6				1	2	12
교차로통행등	21	서행 위반	1		3	6		3		1	14
	22	일시정지 위반	1		6	6		2		1	16
	23	교차로 진입통행 위반	1		6	8		4		2	21
	24	신호차 방해	1	1	3	1					6
	25	꼬리물기	2		5	5				1	13
	26	신호 없는 교차로 양보 불이행	1		4	3				1	9
	27	횡단보도 직전 일시정지 위반			7	6		4		1	18
주행종료	28	종료 주차확인 기어 미작동						6			6
실격기준	29	교통사고 위험, 야기	3		4	2		4		1	14
	30	시험관 지시 및 통제 불응			1						1
	31	신호/지시위반	2		6	6		1		1	16
	32	보행자 보호 위반	2	1	7	5	1	1			17
	33	중앙선 침범	2	1	6	5	1			1	17
	34	긴급자동차 진로 미양보			4	2		1		1	8
	35	어린이통학버스 보호 위반			5	1		2		1	9
합 계			30 (7%)	10 (2%)	170 (39%)	93 (21%)	9 (2%)	77 (18%)	16 (4%)	31 (7%)	436 (100%)

주 1) ECU (Electronic Car Unit) : 자동차의 엔진, 브레이크, 변속기 등 다양한 장치를 제어하는 전자제어장치
 2) IMU (Inertial Measurment Unit) : 가속도와 자이로 센서로 이루어져 자동차의 움직인 거리와 방향 등 측정

IV. 자율주행 센서와 첨단기능

IV. 자율주행 센서와 첨단기능

1. 자율주행 시스템 개요

자율주행 센서와 첨단기능을 이해하기 위해서는 자율주행 시스템에 대한 고찰이 필요하다. 자율주행차는 기본적으로 '센싱-인식-제어'의 3단계를 거치면서 작동한다. 센싱 단계에서는 카메라, 라이더, 레이더 등의 센서로 주변 물체와 위치 좌표 등을 인지하고, 인식 단계에서는 위치 좌표 정보를 해석하여 지도상의 위치와 일치시키고 물체와 주변 차량 정보를 도로와 융합하여 동적 지도를 생성하며, 제어단계에서는 경로를 생성하고 차량의 가감속, 조향 제어를 수행한다.

자율주행차는 위치인식(Loaclization)을 위한 센서와 객체인식(Object Detection)을 위한 센서로 구성된다. 위치인식을 위해서는 관성측정장치(IMU), 위성항법시스템(GPS), 카메라, 라이다, 레이더 등이 사용된다. 자율주행차의 정확한 위치 정보가 획득되면, 고정밀 자율주행지도를 참조하여 실세계 좌표계에서 전역 경로계획(Global Path Planning)을 세울 수 있다. 전역 경로계획으로 자율주행하면서 정지된 물체를 인식하여 지역 경로계획(Local Path Planning)까지 수립하고, 차체 시스템의 종/횡방향 제어를 수행함으로써 자율주행이 실행된다. 이상과 같은 자율주행차 시스템 구현을 위해서는 위치인식과 물체인식 기능이 필수적이고, 카메라와 라이더는 2가지 기능에서 모두 사용되는 센서이므로 활용 범위 측면에서 중요성이 더욱 커지고 있다. 레이더 센서의 경우는 물체인식 기능에 한하여 사용 가능한 센서이나 열악한 주행 환경에서도 가장 신뢰성 있는 데이터를 제공할 수 있기 때문에 ADAS 시장에서 지속적으로 매출이 확대되고 있다.

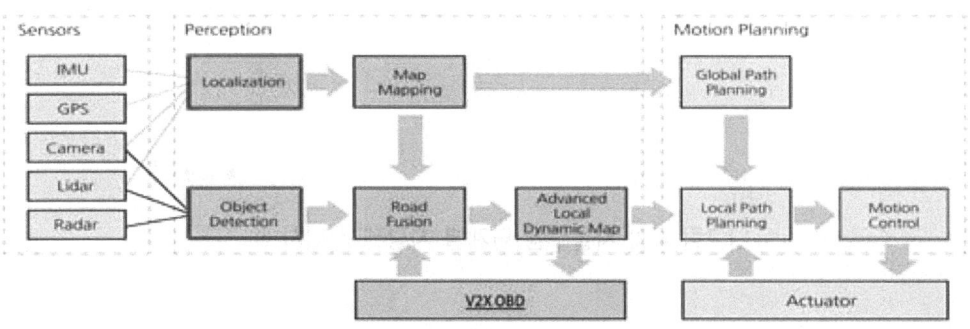

[그림 4-1] 자율주행 시스템 구조와 센서 [7]

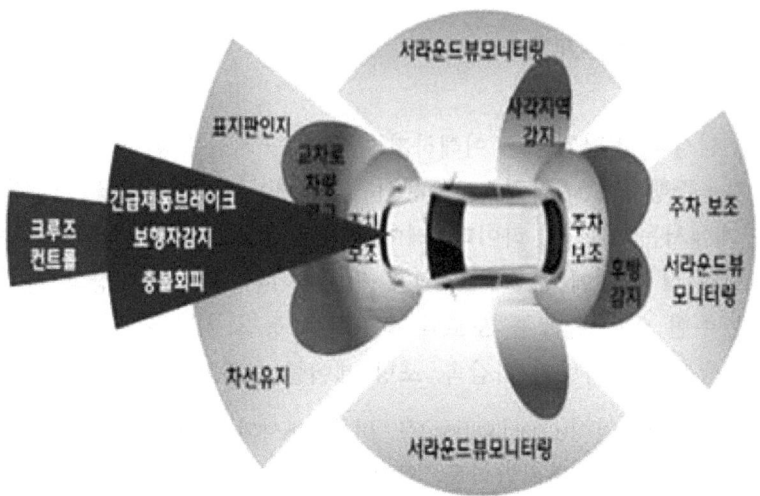

[그림 4-2] 자율주행 인식 센서별 기능 (출처 : 호남대 신문 443호)

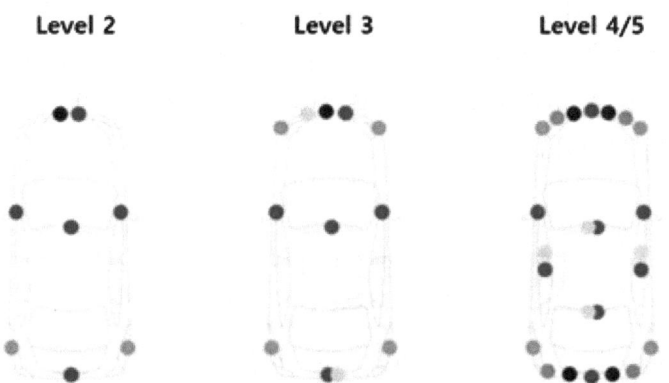

[그림 4-3] 자율주행 단계별 차량센서 위치 [8]

---

7) 기석철, "자율주행차 센서 기술 동향", TTA Journal Vol.173, 2017
8) 김현정, "자율주행자동차, 완전 자율주행 도전하다", 과학기술, 2021.03.23

2. 자율주행 센서 종류

1) 카메라 (Camera)

카메라 센서는 자율주행차의 핵심 센서로 발전 중에 있으며, 후방 감시 카메라 이외에 다기능 전방카메라, 안전주차를 보조하는 어라운드 뷰 카메라, 야간 감시 카메라와 운전자 모니터링 카메라까지 다양한 종류와 기능을 가진 카메라가 시장을 형성 중에 있다.

카메라 센서의 장점으로는 물체의 인식하는 것이 사람의 시선과 가장 비슷한 특성을 가진다는 것이며, 가격이 저렴하고 장착도 비교적 쉬우면서 교통 표지나 신호를 식별할 수 있는 유일한 센서라고 할 수 있다. 이와 같은 이미지 인식 및 분류 작업을 위해서는 고선명 카메라 시스템을 사용해야 한다. 「기석철, "자율주행차 센서 기술 동향", 2017 p.18」에서는 카메라의 유효 감지 거리를 약 100m 정도로 제시하고 있다. 단점으로 눈, 비, 안개 상황 시 등 악천후와 야간 저조도 시 조명의 영향을 많이 받게 되므로 카메라 시정이 좋지 않은 상황에서는 물체를 구분하기가 어려울 수 있으며, 감지된 물체의 정확한 위치를 이해하기 위해서는 물체까지의 거리를 알아야 하는데 카메라는 거리 측정의 어려움이 있다.

구글 자율주행 기술 자회사인 웨이모를 비롯해 볼보와 아우디 등 자동차 업계 대부분이 카메라, 레이더, 라이다 등 다양한 센서들로부터 수집되는 정보되는 '센서 퓨전'을 채택하고 있지만, 일부 업체들은 비용 등을 고려해 하나의 센서만 이용한 자율주행기술을 개발 중이다. 미국의 테슬라가 대표적이다. 일론 머스크 테슬라 CEO(최고 경영자)는 라이다는 가격이 비싸고, 소비전력이 크다는 이유로 라이다 없이 카메라 센서만을 이용한 자율주행차를 만들겠다고 선언한 바 있다.[9]

자율주행을 위한 카메라에는 렌즈가 한 개인 모노카메라(Mono Camera, 단안카메라)도 사용되지만, 두 개 카메라를 하나로 묶은 형태의 형태의 스테레오 카메라(Stereo Camera)도 사용된다. 스테레오 카메라는 3차원 공간상의 서로 다른 위치에 설치된 두 대 이상의 카메라로부터 획득한 영상을 이용하여 3차원 깊이 정보를 얻는 방법이다. 다음 [그림]에서 두 카메라의 광축이 평행하고, 초점거리가 동일한 이상적인 스테레오 카메라 시스템을 나타낸다. 3차원 공상의 점 P는 두 카메라의 영상평면 P_L과 P_R에 투영된다. 이때 점 P_L과 P_R은 서로의 대응점이다. 영상평면에서 서로 대응

---

[9] 뉴시스, "[車블랙박스]카메라부터 초음파까지…안전한 자율주행, 4개 센서에 달렸다.", 2021.09.14

[그림 4-4] 카메라 차량 및 표지판 인식 예시 (출처 : BMW 코리아)

되는 두 점 P_L과 P_R을 안다면 삼각법을 통해 3차원 공간상의 점 P까지의 거리 Z를 계산할 수 있다. 여기서, f는 카메라의 렌즈 중심(O_L, O_R)과 영상평면 사이의 거리인 초점거리이고, b는 두 카메라의 렌즈 중심 사이의 기저선(baseline)이다. 그리고 두 영상평면의 P_L과 P_R 사이의 거리를 나타내는 d_L+d_R은 시차(disparity)이다. 거리 Z는 초점거리 F와 기준선 b에 비례하고, 시차 d_L+d_R에 반비례한다.

$$Z = \frac{f+b}{d_L+d_R}$$

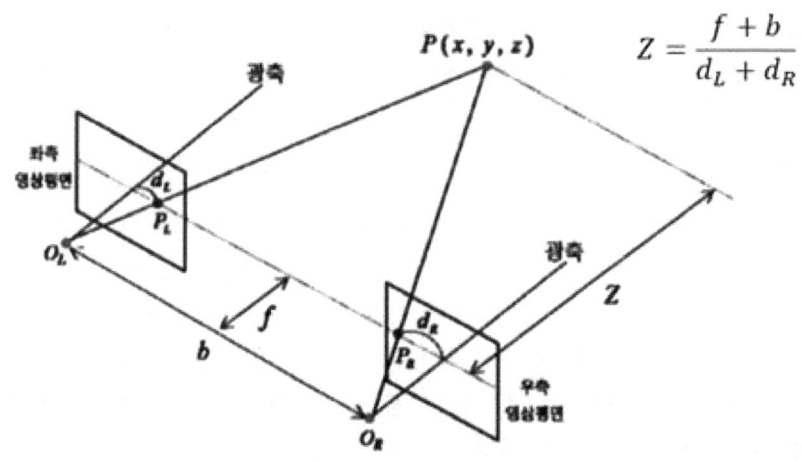

[그림 4-5] 스테레오 카메라 거리 측정원리 [10]

---

10) 고영훈 외 4인, "대면적 대상물 변위계측을 위한 스테레오 카메라 3차원 DIC 시스템 기초설계 및 검증에 관한 연구", 대한화약발파공학회지 제38권 제2호, 2020년 6월, pp.1~12

2) 라이다 (LiDAR, Light Detection And Ranging)

레이더(Radar)와 빛(Light)의 합성어인 라이다(LiDAR)는 주변에 레이저를 쏴서 물체에 맞고 들어오는 시간 차를 측정해 센티미터급 정확도를 가지고 지도를 만들고 자율주행차가 스스로 위치를 파악할 수 있게 돕는 센서이다. 많은 전문가들은 고성능 자율주행차 구현을 위해 꼭 필요한 기술로 꼽는다.

장점으로는 자율주행 센서 중 가장 높은 해상도와 정확도를 가지고 3D 입체 지도 구현이 가능하고, 30m에서 200m 범위 내에서 물체를 감지한다. 하지만 30m 이내 근접해 있는 물체를 식별할 때는 성능이 떨어진다. 라이더는 거리를 비롯해 폭과 높낮이 정보까지 측정해 대상을 3차원으로 인식한다. 정밀도를 높이는 요인이다.

단점으로 높은 가격인데, 2010년 웨이모가 처음 자율주행 기술을 선보였던 당시 라이다 센서 가격은 75,000달러(약 8,200만원)에 달해 웬만한 차량 한 대보다 비싼 가격이어서, 벨로다인(Velodyne)을 비롯한 라이다 생산 기업은 단가 낮추기에 매진하고 있다. 「김형규, "라이다 Vs 카메라 ⋯ 자율주행 눈싸울 치열", 한경닷컴, 2021」에 의하면 현재 출시되는 라이다의 개당 가격은 500~1000달러(약 56만~110만원)로 5만~10만원에 불과한 레이더나 카메라보다 훨씬 비싸다. 또한 카메라에 비해 교통 표지나 신호의 식별이 어렵고 눈, 비, 안개 등 악천후에도 성능에 떨어진다.

[그림 4-6] 라이다 센서의 3D 입체 지도 예시 (출처 : Velodyne)

3) 레이다 (Radar, Radio Detection And Ranging)

원래 군사목적으로 개발됐던 레이더는 전자기파를 발사하고 반사돼 되돌아 오는 신호를 기반으로 주변 사물과의 거리, 속도, 방향 등의 정보를 추출하는 센서로, 눈, 비, 안개 등 악천후에 관계없이 제 성능을 발휘하여, 현재 긴급자동제동장치, 스마트 크루즈 컨트롤 등 ADAS 기술에 적용되고 있다.

장점으로는 야간이나 악천후 상황에서도 영향이 거의 없으며, 사물 투과도 가능하고 거리, 속도 등 측정 정확도가 높아 200m 이상 검지가능한 장거리 레이더, 160m 수준의 중거리 레이더, 80m 이하의 근거리 레이더로 구분되어 사용되고 있다.

단점으로는 보행자 등의 비금속 물체의 경우 감지가 어렵고, 교통 표지나 신호등의 식별이 안된다.

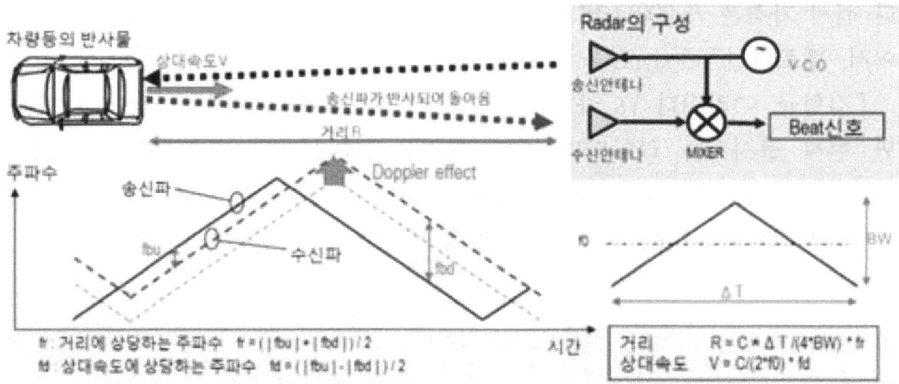

[그림 4-7] 레이더 거리 및 속도 측정 방식 (출처 : 한국자동차공학회)

[그림 4-8] 레이더 센서가 작동하는 이미지 (출처 : 현대모비스)

4) 초음파 센서 (Utrasonic Sensor)

인간의 청력 범위(20㎑)를 벗어난 초음파를 사용하여 거리를 측정하는 방식이며, 레이더나 라이다가 주로 원거리 물체 인식에 사용됐다면, 초음파 센서는 가까운 물체를 인식하는데 사용된다. 자율주행 주차 보조, 로봇 청소기, 산업용 드론 및 로봇 장비와 같은 최신 기술에서도 사용되고 있다. 비가 와도 사용이 가능하고 심지어 물속에서도 사용 가능하고 가격도으나, 다른 센서에 비해 감지 거리가 비교적 짧다.

장점으로는 거리 분해능이 좋아 정밀도가 높고, 비가 와도 사용이 가능하고 다른 센서들과 비교해 가격도 저렴하다.

단점으로는 온도 및 습도에 따라서 음속이 변하기 때문에 이에 따른 보정이 필요하고, 다른 센서의 비해 감지 범위가 약 5m 이내로 짧아 BMW나 테슬라 등에서만 제한적으로 사용하고 있으며, 주로 주차 시 외부 장애물을 식별하는 데 사용된다.

<표 4-1> 제조사별 센서 적용 개수

제조사/모델	레이더	카메라	라이다	초음파
Waymo	4개	8개	6개	-
Uber	7개	20개	7개	-
Yandex	6개	5개	3개	-
BMW	9개	12개	5개	12개
Tesla	9개	8개	-	12개
Nexo(평창)	3개	4개	4개	-

자료 : 황재호, "자율주행을 위한 센서 기술동향", 한국자동차공학회, 2020

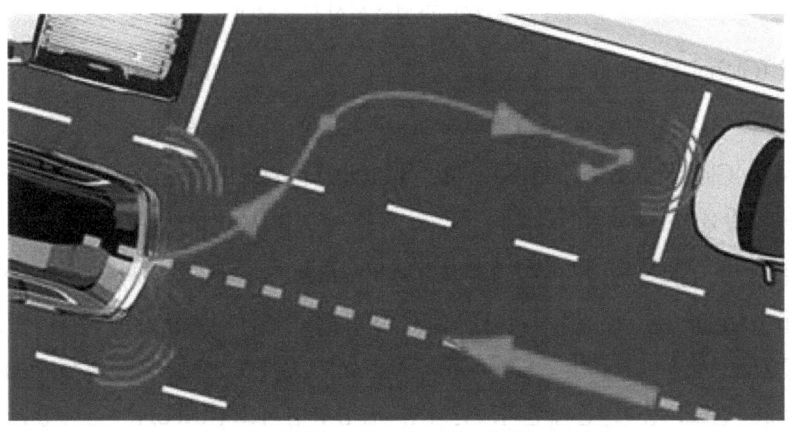

[그림 4-9] 주차 보조 시스템 (출처 : (주)만도)

5) 자율주행 기타 센서

① 관성측정장치 (IMU, Inertial Measurement Unit)

IMU는 관성을 측정하여 물체가 기울어진 각도를 정확하게 측정하는 것이다. 또한 자이로스코프/가속도계/지자기센서로 구성된 센서를 뜻한다. 자이로스코프는 각속도를 측정하고 시간당 몇도를 회전했는지가 필요할 때 사용한다. 가속도계는 가속도를 측정하고 이를 적분하여 속도와 이동거리를 계산할 수 있다. 지자기 센서는 자북을 기준으로 자기선속을 측정하여 자북을 기준으로 얼마나 틀어졌는지를 측정한다.

IMU 센서는 항공기 등의 시작점을 기준으로 움직인 거리와 방향을 찾아내는 관성항법장치로도 사용되었으나 오차가 누적된다는 단점이 있어, 현재는 GPS로 대체되고 있는 추세이다. 차량의 경우는 차량의 Roll, Pitch, Yaw 를 측정하는 조향기능의 자세측정용으로도 사용되고 있다.

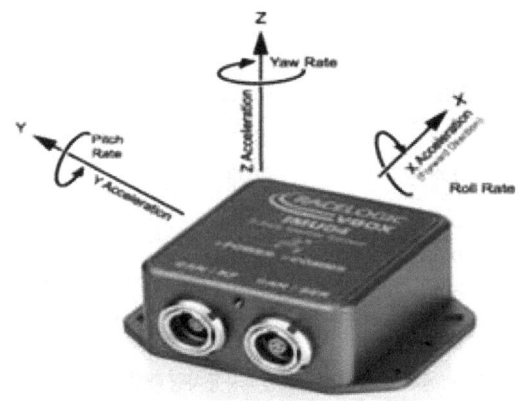

[그림 4-10] 관성측정장치 (IMU)

② GPS (Global Positioning System)

3개 이상의 인공위성에서 신호를 받아, 자신의 현위치를 알아낼 수 있는 위성항법시스템(GNSS, Global Navigation Satellite System)의 일종이다. 1973년 미국 국방부에서 군사용 개발을 시작하였다.

현재 글로벌 GNSS로는 GPS(Global Positioning System, 미국), GLONASS(Global NAvigation Satellite System, 러시아), Galileo(유럽 연합), BeiDou(중국)가 있으며, 이 외에도 QZSS(Quasi Zenith Satellite System, 일본), NAVIC(Navigation Indian Constellation, 인도) 등이 존재한다. 한국형 위성항법시스템(KPS)은 한국항공우주연구원이 2022년부터 개발을 시작하여 2035년 운용을 시작할 예정이다.

<표 4-2> 국가별 GNSS 운용 현황

범지구적 위성항법시스템 (GNSS)	GPS(미국)	갈릴레오(EU)
	글로나스(러시아)	베이더우(중국)
지역 한정 위성항법시스템 (RNSS)	NAVIC(인도)	QZSS(일본)
	KPS (대한민국, 개발중)	

출처 : 나무위키, Global Positioning System, 2022

GPS는 위성 신호를 수신할 수 있는 지역만 사용 가능하고, 고층 건물 밀집 도심지 등에서 위치 오차가 커진다. 따라서 위치 오차를 줄이기 위한 노력이 지속되어 왔다. 대표적인 GPS 보정 기법인 DGPS와 RTK는 모두 일정 지역에서 수신기 하나는 정지해 있고(기준국) 나머지 하나는 이동하며 위치를 측정한다(이동국). 기준국은 위성에서 수신한 데이터들의 위치 오차를 계산하고 보정 데이터를 만든다. 이동국이 이 보정값으로 위치 결정 오차를 줄인다.

국토지리정보원의 RTK 보정기법을 좀 더 살펴보면 OSR(관측공간 보정정보, Obervation Space Representation), SSR(상태공간 보정정보, State Space Representation)로 나뉘어지고 OSR은 가상기준점(VRS)와 면 보정파라미터(FKP)를 이용하여 이동국의 위치를 결정하고 SSR은 각 오차 요인별 보정 정보를 생성하여 제공하는 방식으로, 기존 고가형 측지 측량 장비 외에 드론, 자율차 등의 이동체와 저가형 수신기에서 고정밀 위치 정보를 서비스 할 수 있다.

<표 4-3> DGPS와 RTK 차이

DGPS (Differential GPS)	RTK (Real Time Kinematic)
○ 4개 이상 위성 사용 ○ C/A 코드를 해석해 사용 ○ 장거리(100~200km)에서 사용 ○ 1~5m 오차	○ 5개 이상 위성 사용 ○ 반송파의 오차 보정치를 이용 ○ 10~20km 내외에서 사용 ○ 1cm~1m 오차 ○ OSR(VRS, FKP), SSR 보정

출처 : LUMOS MAXIMA, "GPS 이론_GNSS, RTK 등", 네이버 블로그, 2022

6) 자율주행 센서 장단점 종합

운전면허시험 채점 자동화를 위해 검토한 자율주행차 센서를 검토한 결과, 각각의 센서는 서로 다른 기능들을 갖고 있고, 한계도 분명하다. 예컨대 라이다, 레이더, 초음파는 물체의 유무를 확인하는 능력은 뛰어나지만, 그 물체가 무엇인지 제대로 구분하지 못한다. 반면 카메라는 물체가 무엇인지 정확히 구분해낸다. 또한 레이더는 물체의 경계를 구분하지 못하지만 라이다, 카메라, 초음파는 사물의 경계를 구분할 수 있다. 전문가들이 각각의 센서기술을 서로 융합할 수 있는 역량을 쌓아야 한다고 주장하는 이유다.

운전면허시험의 경우 교통 표지 및 신호의 의미에 대한 구분이 중요하다. 이러한 측면에서 교통 표지 및 신호의 의미를 유일하게 구분할 수 있고, 긴급차량과 스쿨버스 등을 구분할 수 있는 카메라 센서는 반드시 필요하다. 더불어 인공지능 프로그램을 통한 학습도 필요할 것으로 보인다. 또한, 주변 차량 흐름에 따른 운전 능력을 채점하기 위해서는 주변 차량의 거리와 속도 등을 알 수 있는 라이다, 레이더 센서도 필요하다. 가격이 비교적 저렴한 초음파 센서의 경우 감지범위가 5m 이내로 근접 장애물 감지 등 제한적 사용이 가능하다. 스테레오 카메라의 경우는 거리 정확도는 다른 센서와 비교하여 더 개선할 여지가 있지만 그 사용이 확대될 것으로 전망된다.

차량 경로와 위치를 알 수 있는 GPS는 장내기능의 확인선, 검지선과 같은 기능을 수행할 수 있으며 도로주행시험 코스 안내와 다른 센서와 상호 비교 보완하는 용도로도 유용할 것으로 보인다.

<표 4-4> 자율주행차에 사용되는 센서 종류별 장단점 비교

인식 센서	객체인식	위치인식	감지범위	환경영향	비용측면	파장 및 주파수	비고
카메라	○	△	△	×	○	380~780 nm (385~789 THz)	가시광선
라이다	△	○	△	△	×	905 or 1550 nm (194~332 THz)	레이저
레이더	△	×	○	○	△	3.8~3.9 mm (77~79 GHz)	전자파
초음파	△	△	×	△	○	8.5~14.8 mm (23~40 kHz)	초음파
IMU	×	△	-	○	△	-	항법장치
GPS	×	○	-	△	△	L1 1575.42 MHz	항법장치

주 1) 주파수는 카메라, 라이다, 레이더는 광속 3×10^8 ㎧, 초음파는 340 ㎧를 적용하여 산출
   2) ○ 좋음, △ 중간, × 나쁨, - 해당 사항 없음

3. 자율주행 첨단 기능

1) 자율주행 객체 인식 (컴퓨터 비전 기술)

컴퓨터 비전 기술은 이미지와 비디오를 처리해 유의미한 정보를 추출하는 인공지능 기술이다. 컴퓨터 비전의 대표적인 예로는 광학 문자 인식, 이미지 인식, 패턴 인식, 얼굴 인식, 객체 인식 등이 있다. 자율주행 분야에서 이용하는 컴퓨터 비전은 객체 인식에 해당한다.

자율주행에서 사용되는 객체 인식이란 하나의 특정 이미지를 입력했을 때, 주어진 이미지를 분석하여 특정한 객체(Object)의 영상 내 위치(Location)와 그 위치의 객체가 어떤 물체인지를 분류(Classification)하는 것이다. 이를 수행하기 위해 인공지능의 딥러닝(CNN, Convolution Neural Network)을 활용하여 다양한 방법들이 시도 되어왔고, 최근 단일 단계 검출 방법과 두 단계 검출 방법으로 좁혀지고 있다. 단일 단계 검출 방법은 모든 영역에 대해서 위치 검출과 분류를 동시에 수행한다. 두 단계 검출 방법은 대략적인 위치 검출을 수행하고, 선출된 후보군들에서 분류를 수행한다. 단일 단계 검출기의 대표적인 예로는 YOLO, SSD 알고리즘이 있고 두 단계 검출 방기의 대표적 예로는 R-CNN, Faster R-CNN 이 있다. 단일 단계 방식과 두 단계 방식은 인식 속도와 인식 정확 부분에서 각각의 장점을 갖고 있기 때문에 두 가지 모두 고르게 연구되고 있는 추세이다. [11]

인공지능을 이용한 객체인식 인식률은 대규모 이미지 인식 경진대회인 ILSVRC에서 2015년 사람의 인식률(94.90%)을 추월(96.43%)하고, 2020년에는 사람을 한참 뛰어 넘는 수준(98.7%)으로 진화 한 것으로 보고 있다. [12]

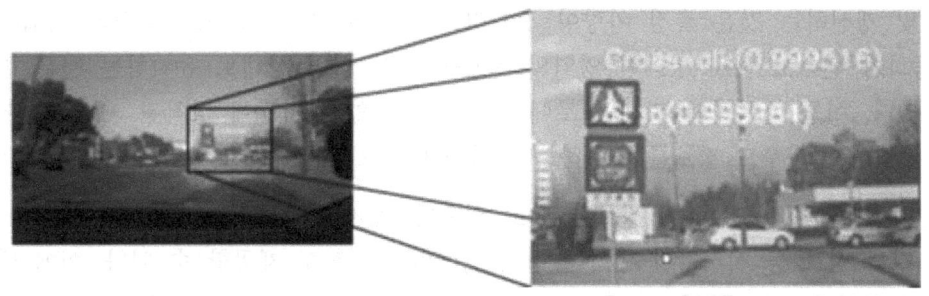

[그림 4-11] 심층 컨볼루션 신경망(CNN)을 이용한 표지판 탐지

---

11) 임헌국, "자율주행 차량 영상 기반 객체 인식 인공지능 기술 현황", 한국정보통신학회 Vol.25, 2021
12) 이주열, "인공지능 이미지 인식 기술 동향", TTA저널 187호 p.44, 2020 1/2월호

2) 자율주행 위치 인식 (정밀 측위 기술)

안전 운전을 보조하는 ADAS 수준의 자율주행에서는 카메라, 레이다. 초음파 센서 등을 융합한 차량 주변 객체 인식 기술이 중요 하였으나, 운전자가 운전에 개입하지 않는 레벨4 이상의 고도자율주행을 위해서는 센티미터급 위치 정밀도를 가지는 정밀 측위기술이 필요하다고 보고 있다.

자율주행차의 위치 추정에 쓰이는 방법은 크게 두 가지 인데, GNSS를 이용하여 측정하는 방법과 지도에 표시된 랜드마크를 측정하는 방법이다. 전자는 GNSS에서 시간 또는 위도, 경도, 방위각, 속도 등을 사용할 수 있으며, 관성측정장치(IMU) 및 칼만 필터(Kalman Filter)와 같이 사용하여 수신 불가 지역과 오차 누적이라 서로의 단점을 보완할 수도 있다. 후자는 GNSS가 오차를 포함하고 있으므로, 인공지능 및 센서 등을 이용해 주변의 지형지물(표지판, 신호등 등)의 위치로부터 현 위치를 알아내는 방법으로 GNSS의 측위 오차를 보상하는 기술이다. 지형지물로부터 떨어진 거리와 각도는 각각 가우시안(불확실성 함수)로 표현할 수 있다. 주변의 여러 지형지물에 대해 같은 과정을 반복해 합치면 정밀한 상대 측위가 가능하다.

또한, 출발지와 목적지 사이의 정확한 경로를 결정하고 도로 정보와 연계하여 인간 운전자 수준으로 안전한 주행을 하기 위해서는 ADAS 수준의 환경인지 센서만으로 고정밀 측위가 불가능하고 정밀지도(HDM)와 클라우드 서버 등이 필요한데 정밀지도는 MMS(Mobile Mapping System) 장비를 통한 측량을 통해 차선, 신호등, 교통표지, 도로 곡률·경사 등의 3차원 도로정보가 생성되며, 이렇게 제작된 정밀지도는 클라우드 서버에 저장되고, 자율주행차는 도로를 주행할 때 차량 무선통신을 통해 정밀지도를 다운로드하여 사용하는 방법이다. 그러나, 정밀지도를 항상 최신 상태로 유지 및 갱신하는 것은 측정 차량이 정기적으로 데이터를 수집하고 후처리 작업까지 자동화가 된다고 해도 방대한 영역의 정보를 항상 최신 상태로 유지하는 것은 한계가 있다. 이를 극복하기 위해 도로에서 운행되고 있는 차량에 장착된 ADAS 센서에서 수집한 클라우드 정보를 활용하는 방법을 대안으로 제시하고 있기도 하다.

정밀지도는 정적(Static) 정보만 담고 있으나, 실제 자율주행을 위해서는 사고, 공사, 정체 정보 등 시시각각 변하는 동적(Dynamic) 정보도 제공할 수 있다. 이에 대한 국제표준규격으로 LDM(Local Dynamic Map)이 논의되고 있으며, LDM은 총 4개의 계층구조로 구성되며, 제1계층은 정밀지도, 제2계층은 변경이 적은 정적 데이터, 제3계층은 일시적인 동적 데이터, 제4계층은 도로 위 이동 물체의 동적 데이터이다.

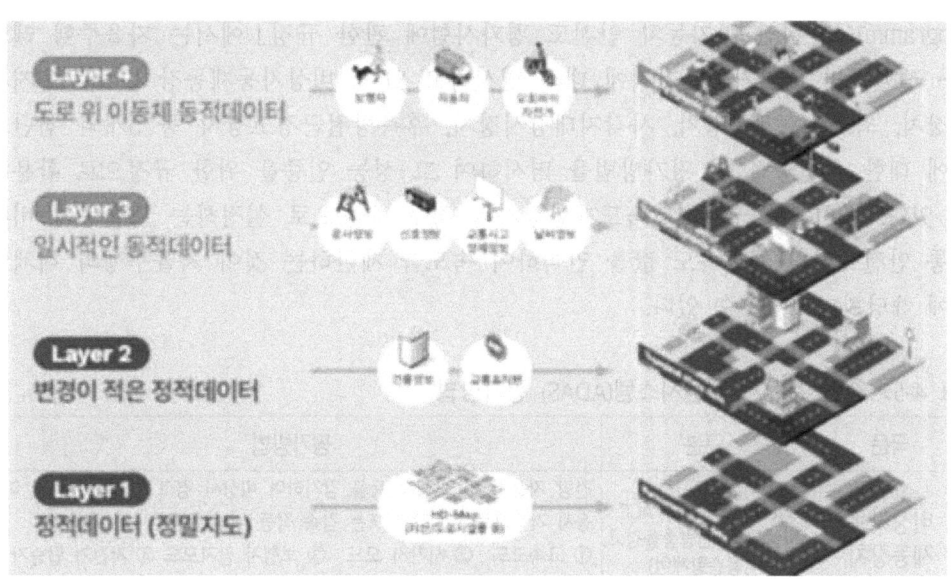

[그림 4-12] LDM (Local Dynamic Map) 개념도 (출처 : 현대 오토비전 제공)

3) 국토부 자율주행 첨단 기능 관련 규정

우리나라의 자동차 성능에 대한 자기인증은 국토부에서 담당하고 있으며, 국제적인 자율주행 첨단기능을 반영하여 자동차 관리법의 「자동차 안전도 평가시험에 관한 규정」, 「자동차 및 자동차부품의 성능과 기준에 관한 규칙」에서 미국 자동차공학회(SAE) 자율주행 레벨 1 ~ 레벨 2 관련 기능들을 규정하고 있다.

- ○ 「자동차 안전도 평가시험에 관한 규정」: 첨단 운전자 지원시스템 (ADAS, Advanced Driver Assistance System)
    - [별표 15] 고속모드 비상자동제동장치 시험방법 및 평가방법 ~ [별표26] 야간 저조도 보행자감지모드 비상자동제동장치 시험방법 및 평가방법
- ○ 「자동차 및 자동차부품의 성능과 기준에 관한 규칙」: 운전자 지원 첨단조향장치 (ADASS, Advanced Driver Assistant Steering System)
    - [별표 6의2] 조향장치에 대한 기준
- ○ 「자동차 및 자동차부품의 성능과 기준에 관한 규칙」: 부분 자율주행시스템
    - [별표 27] 부분 자율주행시스템의 안전기준

국토부의 신차 평가 프로그램인 가칭 'K-NCAP (Korea - New Car Assessment

Programm)' 규정인 「자동차 안전도 평가시험에 관한 규정」에서는 자율주행 레벨 1 ~ 레벨 2의 첨단기능 5가지에 대해 명시하고 있다. 비상자동제동장치, 차로유지지원장치, 최고속도제한장치, 사각지대감시장치, 후측방접근경고장치 등 5개의 첨단기능에 대한 시험방법 및 평가방법을 명시하여 그 성능 인증을 위한 규정으로 활용하고 있다. 특히, 지능형 최고속도제한장치의 경우 수동으로 설정하는 조절형에 비해 교통 안전표지의 제한속도 값을 인식하여 속도를 제한하는 것이 자율주행의 객체인식에 해당한다고 볼 수 있다.

<표 4-5> 첨단 운전자 지원시스템(ADAS) 평가방법

국문	구분	평가방법
비상자동 제동장치	AEBS / FCW / ACC (비상제동, 전방충돌경고, 적응순항제어)	전방 자동차 및 보행자 등을 감지하여 비상시 경고 한 후, 운전자 미반응시 자동으로 제동장치 또는 감속 작동 여부 확인 ① 고속모드 ② 시가지 모드 ③ 보행자 감지모드 ④ 자전거 탑승자 ⑤ 야간 저조도 보행자 감지모드
차로유지 지원장치	LKAS / LDWS (차로유지지원, 차로이탈경고)	60km/h 이상의 속도에서 0.2~0.5m/s 속도로 이탈할 경우 차로를 이탈하지 않도록 자동차를 제어하는지 여부와 0.1~0.8m/s 속도로 이탈할 경우 경고를 제공하는 여부
최고속도 제한장치	ASLD / ISA (조절형, 지능형)	① 조절형 : 운전자가 설정한 제한속도 초과 시 경고 ② 지능형 : 교통표지판의 제한속도 값과 속도제한 알림기능에 의해 표시되는 값을 비교하여 일치여부 확인
사각지대 감시장치	BSD (Blind Spot Detection)	60km/h 이상의 속도에서 사각지대에 다른 자동차의 존재를 운전자에게 알려주는 경고를 제공하는지 여부 확인
후측방접근 경고장치	RCTA (Rear Cross Traffic Alert)	후방 자동차의 10km/h 일때, 충돌발생 예상시간 1.9초(30km/h인경우 1.6초) 이전에 경고가 발생하는지 여부 확인

자료 : 국토부, "자동차 안전도 평가시험에 관한 규정 [별표 15] ~ [별표 26]", 2021

국내에서 판매되는 자동차 인증을 위한 안전기준인 「자동차 및 자동차부품의 성능과 기준에 관한 규칙」의 [별표 6의 2] 조향장치에 대한 기준에서는 운전자 지원 첨단 조향장치(ADASS)를 조향장치의 성능을 저하시키지 않으며 의도적으로 해제할 수 있도록 있다는 전제하에 주조향장치에 추가로 설치될 수 있다고 명시하고 있다. 이 경우 설치되는 운전자지원첨단조향장치는 자동명령조향기능, 수정조향기능, 비상조향기능 중 1개 이상으로 구성될 수 있다.

자동명령조향기능의 경우 10㎞/h 이하 속도에서 운전자를 보조하는 범주 A, 차로이탈경고를 의미하는 범주 B, 차로변경을 의미하는 범주 C로 구분될 수 있으며, 수정조향기능과 비상조향기능은 차로유지나 충돌상황의 경우 조향장치를 작동하는 것으로 자동차 안전도 평가에서 규정하는 ADAS 기능과 일부 중복이 된다고 볼 수 있다.

<표 4-6> 운전자 지원 첨단 조향장치(ADASS) 평가방법

구분		정의	주요 기준
자동명령 조향기능 (ACSF, Automatically Commanded Steering Function)	범주A	저속 또는 주차 운전 시 매시 10킬로미터 이하의 속도에서 운전자의 요청에 의해 운전자를 보조하는 기능	작동범위 6m 내의 원격제어주차(RCP)
	범주B	자동차의 횡방향 이동에 영향을 주어 선택된 차로 내에서 자동차가 유지되도록 운전자를 보조하는 기능	최대 횡방향 가속도 $0.3 \sim 3m/s^2$, 횡방향 가속도 변화율 $5m/s^3$ 범위를 초과하여 차선을 가로지를 경우 경고신호 발생
	범주C	운전자가 시작/작동시키고, 운전자가 명령하는 경우에 차로변경 등 단일 횡방향 운전을 실행할 수 있도록 운전자를 보조하는 기능	횡방향 가속도 $1m/s^2$ 를 초과하지 않도록 방향지시기 작동 후 3~5초 내에 시작하고, 5~10초 내에 완료 (임계거리, 최소거리 준수)
수정조향기능 (CSF, Commanded Steering Function)		자동차 횡력 보정, 안정성 향상, 차로이탈 보정 등을 실행하기 위해 1개 이상 조향각을 변화시키는 기능	자동차안정성제어장치가 제어하는 수정조향기능이 작동하는 경우 10~30초 청각 경고신호 발생
비상조향기능 (ESF, Emergency Steering Function)		잠재적인 충돌상황을 자동으로 감지하여 제한된 시간 동안 자동차의 조향장치를 자동으로 작동시키는 제어기능	충돌위험 감지, 주행환경 관측, 차로유지 등의 기능을 수행하고 시각, 청각, 촉각 경고신호를 작동할 것

자료 : 국토부, "자동차 및 자동차 부품의 성능과 기준에 관한 규칙 [별표 6의2]", 2021

2020년 자율주행 레벨 3에 대한 안전기준 마련을 위해 국토부가 도입한 「부분 자율주행시스템의 안전기준」은 UN 산하 자동차안전기준국제조화포럼(UN / ECE / WP.29)에서 논의되었던 UN Regualtion No 157 "Uniform provisions concerning the approval of vehicles with regard to Automated Lane Keeping System"를 바탕으로 제정되었다. 국토부 기준이 레벨 3 기준으로 되기 위해서는 미국 자동차공학회(SAE)의 정의에 따라 레벨 2 부분 자율주행(Partial Automation) → 레벨 3 조건부 자율주행(Conditional Automation) 변경부터 시작하여 지속적 개선을 고민할 필요가 있다.

하지만, 부분 자율주행시스템 안전기준이 다른 규정과 달리 별도의 기준으로 독립되어 국제적으로 논의 되었던 전방거리제어, 지정최대속도, 운전전환요구, HMI, 위험 최소화운행, 비상운행 등에 대하여 명시하고 있는 점은 고무적이라고 할 수 있다.

<표 4-7> 국토부 자율주행 기능 관련 안전기준 개정 현황 (2020)

기존	2020년	향후 계획
○ 원격주차지원(레벨2) 운전자가 자동차 외부의 인접거리 내에서 원격으로 자동차를 주차시키는 기능	○ 수동차로변경(레벨2) 운전자의 차로변경지시에 따라 시스템이 주행차로를 변경하는 기능	○ 자동차로변경(레벨3) 시스템이 주변 상황을 스스로 판단하여 주행차로를 변경하는 기능
○ 수동차로유지(레벨2) 주행차로 내 자동차가 유지되도록 시스템이 보조하는 기능(운전자는 운전대를 잡은채로 운행해야 하며, 손을 떼면 잠시 후 경고 알림 발생)	○ 자동차로유지(레벨3) 시스템이 주행차로 내에서 스스로 주행하는 기능(다만, 작동영역을 벗어났을 때에는 운전자의 운전조작 요청)	○ 자동주차(레벨4) 운전자 하차 후 시스템이 스스로 지정된 주차구획에 주차시키는 기능 (발렛 파킹)
	○ 그 외 주행 및 고장 시 안전을 위한 기능(레벨3) 운전자 모니터링 기능, 고장 대비 설계 조건	※ 그 외 추후에 개발되는 기능들은 기술 개발 수준과 국제 회의체 논의 경과 등을 고려하여 개정(레벨3~5)

자료 : 국토부 보도자료, "세계 최초 부분자율주행차(레벨3) 안전기준 제정", 2020.01.06

<표 4-8> 부분 자율주행시스템 안전기준 내용

구분		주요 기준
자동차로유지 기능	전방거리제어	산출된 전방최소안전거리보다 같거나 큰 거리를 유지하도록 자동차 속도를 조절할 것
	지정최대속도	제한속도 범위에서 감지거리(S_{front})에 따라 지정최대속도(V_{smax})를 산정
	운전 전환 요구	돌발상황, 고장 발생 시 운전전환 요구를 시작, 4초 이내 경고 증가하고 10초 이내 위험최소화운행을 시작
	HMI 기준	시스템 작동상태, 시스템 고장, 위험최소화운행, 비상운행 상황 발생 시 시각/청각/촉각 등의 경고신호
	위험최소화 운행	감속도 4 ㎨ 이내, 4초 이내 비상점멸등 작동, 차로변경기준(전/후/측방 최소안전거리 확보)
	비상운행	전방 및 측방 충돌위험 감지, 감속하거나 비상조향기능 수행, 충돌이 임박한 상황이외에는 작동되지 않을 것
자율주행시스템 고장		고장을 대비한 이중화 등을 고려 설계, 고장 발생 시 경고 및 운전전환요구를 따를 것
운전자 모니터링		운전자의 착석여부, 안전띠 착용여부, 운전조작 가능여부 감지하여 운전자 활동이 없는 경우 운전전환요구 시작
기록장치		작동, 해제, 운전전환요구, 비상운행, 사고기록장치, 충돌인지, 위험최소화운행, 고장 등 (6개월 이상 또는 2,500건 이상 저장)

자료 : 국토부, "자동차 및 자동차 부품의 성능과 기준에 관한 규칙 [별표 27]", 2021

Ⅴ. 운전면허시험 채점기준 검토

V. 운전면허시험 채점기준 검토

1. 채점기준 검토 항목 선정

2021년 운전면허시험장 도로주행시험의 채점빈도가 0% 이하로 나온 채점항목 5개에 대해 시험관을 대상으로 한 설문조사에서 미채점 사유에 대해 질의한 결과 응시자가 위반하는 경우가 발생하지 않는 '미발생'이 가장 높게 응답하였고, 그 다음으로 도로교통법 등에서 명시된 채점기준이 명확하지 않는 '채점기준 모호'가 높게 나타났다. 총 5개 중 2개 항목 '신호중지'와 '앞지르기 방법 위반'은 검토에서 제외하였다. '신호중지'의 경우 '진로변경 신호 미중지'와 중복되어 채점이 되지 않고 있고, '앞지르기 방법 위반'은 응시자에게 강제하지 않는 한 시험 중 의도적으로 다른 차량을 앞지르기 할 이유가 없는 것으로 해석되어 제외하였다.

그리고 추가적으로 '서행위반', '신호없는 교차로 양보', '횡단보도 직전 일시정지', '신호지시위반' 등 4개 항목에 대한 채점기준을 검토하는 것이 필요한 것으로 판단하였다. 서행 속도, 신호없는 교차로 통행우선권, 횡단보도 일시정지 의무 규정, 직진 금지표시 등의 각각의 채점항목에서 논란이 되는 내용을 검토하여 채점 자동화에 활용하고자 한다.

<표 5-1> 도로주행 채점 자동화를 위한 채점기준 검토 항목

구분	채점항목	채점기준 요약	점수	채점빈도(%)	비고
통행구분	① 끼어들기 금지	합류지점, 우회전 시 차량 정체 등 이유로 우회전 가까운 곳에서 끼어들기 시도	7	0.0	끼어들기 정의 모호
교차로 통행	② 서행 위반	좌회전 우회전, 교통정리 없는 교차로, 안전표지 장소, 굽은길, 오르막, 내리막	10	3.9	서행 속도 정의 모호
교차로 통행	③ 신호 없는 교차로 양보	선진입차, 넓은 도로차, 우측차, 좌회전외 (우선 순위 없음)	7	0.2	통행우선권
교차로 통행	④ 횡단보도 직전 일시정지	예고표시부터 서행, 정지선 침범	10	0.4	일시정지 의무규정 없음
실격	⑤ 신호지시위반	교통안전시설과 경찰공무원 등의 신호지시를 위반	실격	4.8	직진금지표시
실격	⑥ 긴급자동차 진로 미양보	교차로 일시정지, 그 외 진로 양보	실격	0.0	다차로 채점기준 부재
실격	⑦ 어린이통학버스 보호 위반	승하차 표시 작동 중 일시정지 확인 후 서행 (편도 1차로 반대 방향도 적용)	실격	0.0	다차로 채점기준 부재

2. 도로주행 끼어들기 금지 위반 (7점)

끼어들기 금지 위반 시 도로교통법 제23조 위반으로 벌점 없이 과태로가 부과된다. 즉, 차가 막히는 구간에서 차들이 일렬로 정지 또는 서행하고 있을 때 그 사이에 끼어들기하면 위반이 되며, 일반적으로 줄을 서고 기다리고 있는 상황에서 소위 새치기를 하면 안 되는 것과 같은 이유로 단속 대상이 되고 있다. 새치기와 다른 점은 차로변경 지점을 지나쳤을 경우 다시 되돌아 갈 수 없다는 것이 다르기 때문에 상습 정체 구간에서는 정체 상황을 알리는 사전 정보 제공 등 노력이 필요하다.

ㅇ 도로교통법 제23조(끼어들기의 금지)

1. 이 법이나 이 법에 따른 명령에 따라 정지하거나 서행하고 있는 차
2. 경찰공무원의 지시에 따라 정지하거나 서행하고 있는 차
3. 위험을 방지하기 위하여 정지하거나 서행하고 있는 차

단속 기준은 첫 번째로 차로변경은 백색점선에서만 가능하고 백색실선에서 차로변경하면 끼어들기 금지 위반에 해당하고, 두 번째로 차가 정지 또는 서행중 일때는 점선이냐 실선이냐 상관없이 차로변경 했을 때도 끼어들기 금지 위반에 해당된다.

[그림 5-1] 끼어들기 관련 위반 여부 (출처 : 티스토리)

운전면허시험 매뉴얼에서의 끼어들기 관련하여 채점기준은 다음과 같다. 도로의 합류지점과 정지나 서행하고 있는 차량의 앞을 끼어들 경우 채점하도록 되어있고, 끼어들기 유형에서는 교통정리가 행하여지고 있지 않는 교차로에서의 양보표지와 좌회전 차량 미양보를 끼어들기를 추가적인 유형으로 제시하고 있으나, 이는 '신호 없는 교차로 양보 불이행' 채점항목에 해당하는 내용으로 적절하지 못 한 것으로, 신호 없는 교차로 양보 불이행으로 이동하는 것이 타당할 것으로 보인다.

또한, 차량 정체 등을 이유로 다른 차량이 정지 또는 서행하고 있을 때 끼어들기를 시도할 경우 차선의 백색점선 또는 실선 여부에 상관없이 감점 가능한 것으로 끼어들기 유형에 추가하는 것도 필요하다.

차량 정체 시 감점은 민원이 발생할 소지가 많을 수 있으므로, 본 보고서의 도로주행 채점방안 검토 부분에서 다루고 있는 정량적인 채점방안이 적용될 수 있으면 민원을 다소 줄일 수 있는 방안이 될 수 있다.

<표 5-2> 끼어들기 금지 위반 채점 기준 (7점)

내용	채점요령	해설	적용범위
1) 도로의 합류지점에서 정당하게 진입하지 않은 경우 2) 경찰공무원 등의 지시에 따르거나 위험방지를 위하여 정지 또는 서행하고 있는 다른 차 앞에 끼어들 경우	정당한 차로변경과 달리 빨리 가기 위해 신호나 지시에 따라 정상적으로 주행하는 차량 앞으로 진행하는 경우 채점한다.	다른 차의 통행에 방해가 없는 경우에는 적용하지 않는다.	시험시간 동안 채점하며, 중복 채점 가능하다.

끼어들기 유형
1) 교통정리가 행하여지고 있지 않은 교차로에서 양보표지가 설치되어 있을 때 양보를 하지 않고 진입하여 다른 차의 진행을 방해한 경우
2) 교통정리가 행하여지고 있지 않은 교차로에서 좌회전하려는 차량이 직진이나 우회전하려는 차량에 진로를 양보하지 않은 경우
3) 도로교통법이나 도로교통법에 따른 명령에 따라 정지 또는 서행하고 있는 다른 차량의 앞으로 끼어든 경우
4) 도로의 합류지점에서 정당하게 진입하지 못하여 본선에서 주행하는 차량의 진행에 방해를 준 경우
5) 우회전 시 차량정체 등을 이유로 직진차로로 계속 주행하다 우회전 교차로 가까운 곳에서 끼어들기를 시도한 경우

자료 : 도로교통공단, "운전면허시험 매뉴얼", 2021

3. 도로주행 서행 위반 금지 (10점)

도로교통법 제2조(정의) 28. 서행(徐行)이란 운전자가 차 또는 노면전차를 즉시 정지시킬 수 있는 정도의 느린 속도로 진행하는 것으로 정의하고 있다. 즉시 정지시킬 수 있는 속도는 약 5km/h 이하이기 때문에 50km/h 이상으로 주행하는 도로에서는 실제 준수하기가 어려운 규정 중의 하나이다.

국제연합(UN)의 도로교통에 관한 국제협약(비엔나 협약, 1968)에서는 서행에 대한 별도 정의와 안전표지는 없다. 그러나 제18조 '교차로와 양보의무' 1항에서는 "교차로에 접근하는 모든 운전자는 그 곳 상황에 맞게 적절하고도 충분한 주의를 기울여야 한다. 운전자는 통행우선권을 가진 차량이 통과할 수 있게 멈출 수 있을 정도의 속도로 운전하여야 한다." 라고 명시하고 있다. [13]

일본의 도로교통법 제42조 (서행 장소)에서도 오른쪽 또는 왼쪽 시야가 좋지 않은 교차로를 진입하기 전 또는 통과하기 전, 굽은길, 오르막 및 내리막에서 언제든지 멈출 수 있는 속도로 감속 운전해야 하는 것으로 명시하고 있고, 우리나라와 유사한 안전표지를 사용하고 있다.[14]

반면, 우리나라 도로교통법에서는 서행할 장소를 다음과 같이 5개의 장소를 명시하고 있다.

1) 교차로에서 좌우회전 할 때는 각각 서행 (제25조)

2) 안전지대에 보행자가 있는 때와 차로가 설치되어 있지 아니한 좁은 도로에서 보행자의 옆을 지나는 때에는 안전거리를 두고 서행 (제27조)

3) 교통정리가 행하여지고 있지 아니하는 교차로 통행 시 서행 (제31조)

4) 도로가 구부러진 부근, 비탈길 오르막 고개마루 부근, 가파른 비탈길 내리막 서행 (제31조)

5) 안전표지 등으로 지정된 서행 장소를 통행하려는 경우 (제31조)

운전면허시험 매뉴얼의 채점기준은 동일하게 5개로 명시하고 있으나, 좌우를 확인할 수 없는 교차로가 추가적으로 들어가 있고, 보행자 옆을 지날 때는 생략되어 있다. 도로교통법 제31조(서행 또는 일시정지할 장소)에서는 '교통정리를 하고 있지 아니하고 좌우를 확인할 수 없거나 교통이 빈번한 교차로'를 명시하고 있어 채점기준과 맞지 않는 항목이다. 또한 도로교통법 제27조(보행자의 보호)에서 명시하고 있는 보행자 옆을 지나는 때에 서행 의무를 추가하여야 할 필요가 있다.

서행이 운전자가 차를 즉시 정지시킬 수 있는 정도의 느린 속도로 진행하는 것을 의미하고 서행의 기준이 도로의 여건, 교통상황 등 구체적인 사정에 따라 서행의 의미가 달라질 수 있기 때문에 이를 일률적으로 정할 수는 없는 것으로 명시하고 있다. 하지만, 실제 서행의 기준을 일률적으로 정하지 못하면 채점기준이 불명확하고

---

[13] United Nations, "19. Convention on Road Traffic. Vienna, 8 November 1968" ,1968

[14] 박균성외 1인, "프랑스와 일본의 도로교통법", 한국법제연구원, 2002

V. 운전면허시험 채점기준 검토

그에 따른 채점 자동화가 어려워 질 수 있다. 본 연구에서는 시험관 대상 설문조사에서 서행 위반과 관련하여 차량 속도를 어느 정도 감속해야 하는 지 물어본 결과 응답자의 41%가 약 30% 감속하는 것이 바람직할 것으로 응답하여 가장 높게 나타났다. 도로교통법의 정의대로 언제든지 멈출 수 있는 속도 5km/h 이하로 정하면 실제 현장에서 많은 민원이 예상될 수 있고, 사고 위험도 있어 현재 시험관들도 이러한 기준을 적용하는 것에 대해 꺼려하고 있는 관계로 제한속도 또는 주행속도의 약 30% 감속하는 방안을 제안하는 바이다. 예를 들면, 보통 시내로도 제한속도 60km/h에 30%를 적용하면 42km/h로 산출되고 도로주행시험 시 서행장소에서 산출된 속도 이하로 감속하지 못할 경우 감점하고 시험코스별 적용 감속 기준을 정하고 사전 안내를 통해 응시자들에게 공지하여 채점하는 것이 현실적인 대안이 될 수 있을 것이다.

우리나라 지그재그 서행 노면표시(520)의 경우 현재 횡단보도에 많이 설치되어 있으나 도로 표지 및 신호에 관한 국제협약(비엔나협약, 1968) 제28조 3항에서 주차금지 표시로 명시하고 있어 국제적 통일성을 위해 우리나라도 도로교통법 개정을 통해 국제기준에 맞게 바꿔야 할 것으로 본다.

<표 5-3> 서행 위반 채점 기준 (10점)

내용	채점요령	해설	적용범위
다음의 장소에서 서행하지 않은 경우 1) 좌회전 또는 우회전이 필요한 도로인 경우	서행을 하도록 규정한 경우와 서행장소에서 서행을 하지 않은 경우 채점 한다.	좌·우회전 시	시험시간 동안 채점하며, 중복 채점 가능하다.
2) 교통정리를 하지 않고 있는 교차로에 들어가려는 경우		교차로 진입 시	
3) 안전표지 등으로 지정된 서행 장소를 통행하는 경우		'천천히 SLOW' 표지, '천천히' 등의 서행표지나 표시가 있는 곳에서 적용한다(안전표지)	
4) 좌우를 확인할 수 없는 교차로에 들어가려고 하는 경우		미확인 교차로	
5) 도로의 모퉁이 부근 또는 오르막길의 정상부근 또는 경사가 급한 내리막길을 통행하는 경우		모퉁이 등	

1) 서행표지 및 표시

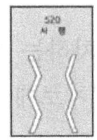  

2) 서행이란 운전자가 차를 즉시 정지시킬 수 있는 정도의 느린 속도로 진행하는 것을 말한다.
3) 서행의 기준은 도로의 여건, 교통상황 등 구체적인 사정에 따라 서행의 의미가 달라질 수 있기 때문에 이를 일률적으로 정할 수는 없다.

자료 : 도로교통공단, "운전면허시험 매뉴얼", 2021

4. 신호 없는 교차로 양보 불이행 (7점)

도로교통법 제26조 (교통정리가 없는 교차로에서의 양보운전)를 근거로 한 채점항목으로 통행 우선 순위가 모호한 관계로 채점 자동화 어려운 항목이다.

도로교통에 관한 국제협약(비엔나 협약, 1968) 제18조 (교차로와 양보 의무)'에서는 다음과 같이 넓은 도로차, 사유지 양보, 우측차 세가지에 대해 통행 우선권을 명시하고 있다.

2. 보통 좁은길이나 비포장도로에서는 포장도로로 진입하려는 모든 운전자는 해당 도로 차량에게 양보하여야 한다. 본 조항을 위하여 '좁은길(path)'과 '비포장 도로(earth-track(dirt road))'의 개념은 국내 법률로 정한다.

3. 도로에 인접한 사유지에서 도로로 들어가려는 차량은 해당 도로의 차량에게 양보하여야 한다.

4. 본 18조 7항의 규정에 따라서 :

(a) 교통진행방향이 오른쪽인 국가에서는 본 협약 제18조 2항과 25조 2항, 4항에서 정한 것을 제외한 교차로에서 자신의 오른쪽에서 접근하는 차량에게 양보하여야 한다.

우리나라 도로교통법 제26조(교통정리가 없는 교차로에서의 양보운전)를 근거로 통행 우선 순위를 살펴보면 선진입차, 넓은 도로차, 우측차, 좌회전차 양보 등 네 가지를 명시하고 있다.

1) 선진입차

이미 교차로에 들어가 있는 다른 차가 있을 때에는 그 차에 진로를 양보하여야 한다.

2) 넓은 도로차 방해

그 차가 통행하고 있는 도로의 폭보다 교차하는 도로의 폭이 넓은 경우에는 서행하여야 하며, 폭이 넓은 도로로부터 교차로에 들어가려고 하는 다른 차가 있을 때에는 그 차에 진로를 양보하여야 한다.

3) 우측차 방해

동시에 들어가려고 하는 차의 운전자는 우측도로의 차에 진로를 양보하여야 한다.

4) 좌회전 차량 양보 (현 채점기준에서는 끼어들기 위반 채점항목임)

좌회전하려고 하는 차의 운전자는 그 교차로에서 직진하거나 우회전하려는 다른 차가 있을 때에는 그 차에 진로를 양보하여야 한다.

국제협약과 우리나라 통행 우선권 비교항목 중 차이가 있는 것은 선진입차와 좌회전 차량 양보 두 가지로 선진입차의 경우 많은 교차로에서 많은 혼동을 야기하는 부분으로 다른 통행 우선권과 상호 충돌되어 다르게 해석될 소지가 있다. 향후 선진입차량에 대해 후순위로 적용하는 방안 등의 논의가 필요한 사항으로 보이며, 좌회전 차량 양보는 대향 직진과 우회전 차량에게 양보하는 것으로 명시하고 있으나 현재의 운전면허시험 채점기준에서는 빠져있고 끼어들기 위반 채점항목으로 포함되어 있어 이에 대한 개정이 필요한 사항이다.

<표 5-4> 신호 없는 교차로 양보 불이행 채점 기준 (7점)

내용	채점요령	해설	적용범위
1) 교통정리가 행하여지고 있지 않은 교차로에서 다른 도로로부터 이미 그 교차로에 들어가고 있는 차가 있는 경우에 그 차의 진행을 방해한 경우	교차로 통행방법을 위반하였거나 교차로 안에서 부득이한 사유 없이 차량을 정차하여 다른 차의 교통을 방해한 경우 채점한다.	선진입차 방해	시험시간 동안 채점하며, 중복 채점 가능하다.
2) 교통정리를 하고 있지 않은 교차로에서 시험용자동차가 통행하는 도로보다 폭이 넓은 도로로부터 그 교차로에 들어가려고 하는 다른 차가 있는 경우에 그 차에게 진로를 양보하지 않은 경우		넓은 도로차 방해	
3) 교통정리가 행하여지고 있지 않은 교차로에서 시험용자동차와 동시에 교차로에 들어가려고 하는 우측도로의 차에 진로를 양보하지 않은 경우		우측차 방해	

1. 교통정리가 없는 교차로에서의 양보운전
 1) 선진입차(제①항)
  → 교차로에 들어가려고 하는 차의 운전자는 이미 교차로에 들어가 있는 다른 차가 있을 때에는 그 차에 진로를 양보하여야 한다.
 2) 넓은 도로차 방해(제②항)
  → 교차로에 들어가려고 하는 차의 운전자는 그 차가 통행하고 있는 도로의 폭보다 교차하는 도로의 폭이 넓은 경우에는 서행하여야 하며, 폭이 넓은 도로로부터 교차로에 들어가려고 하는 다른 차가 있을 때에는 그 차에 진로를 양보하여야 한다.
 3) 우측차 방해(제③항)
  → 교통정리가 행하여지고 있지 않은 교차로에서 시험용 자동차가 통행하는 도로보다 폭이 넓은 도로로부터 그 교차로에 들어가려고 하는 다른 차가 있는 경우에 그 차에게 진로를 양보하여야 한다.

자료 : 도로교통공단, "운전면허시험 매뉴얼", 2021

교통정리를 하고 있지 아니하는 교차로는 도로교통법상 기본적으로 서행을 하여야 하나 좌우를 확인할 수 없거나 교통이 빈번한 교차로는 일시정지가 적용된다. 즉,

다른 차량 유무에 따라 일시정지를 먼저 채점하고, 미국 펜실바니아 교통국 홈페이지의 운전 안내 자료처럼 각 방향별로 다음 사항을 먼저 채점하고 추가적으로 통행 우선권을 적용하는 방안을 제안하는 바이다.

1) 직진 차량 : 정지 표지판에서 먼저 왼쪽을 살펴본 다음 오른쪽으로 안전한 틈이 있는지 확인한 다음 계속 진행하기 전에 다시 왼쪽으로 **빠르게 확인함** (30mph 거리를 건너기 위해 약 6초의 간격이 필요)

2) 우회전 차량 : 좌회전, 직진, 유턴 차를 확인 (왼쪽에서 접근하는 차량과 약 8초의 간격 필요)

3) 좌회전 차량 : 건너야 하는 모든 차선이 비어 있고 안전하게 회전할 수 있을 때까지 좌회전을 시작하지 말아야 하며, 마주 오는 직진 차량 앞에서 회전할 수 있는 공간이 있는지 확인하고 교차로에서 정지하여야 함. (작은 도로에서 넓은 도로로 회전하는 경우 오른쪽 접근차량과 9초의 간격이 필요)

5. 횡단보도 직전 일시정지 위반 (10점)

우리나라 도로교통법은 횡단보도 직전 일시정지를 의무화 하고 있지는 않고 있다. 단, 제27조(보행자의 보호)에서 횡단보도 보행자가 통행하거나 통행하려고 할 때, 어린이 보호구역 내 신호기 없는 횡단보도에서는 일시정지를 의무화 하고 있다. 그 외 보도 진출입, 철길 건널목, 교통정리를 하지 않고 안전표지 설치 교차로, 무단 횡단, 보행자 통행(보차 비분리 중앙선 없는 도로, 보행자우선도로, 도로 외 곳), 보행자전용도로, 교통정리를 하지 않고 교통이 빈번한 교차로에서의 일시정지를 의무화 하고 있다. 따라서, 횡단보도 직전 일시정지에 대한 의무 규정이 없고, 채점기준에서도 서행 또는 정지선 침범만 규정하고 있기 때문에 채점항목의 '횡단보도 직전 일시정지 위반' 명칭 변경이 필요하다.

제13조(차마의 통행) ② 제1항 단서의 경우 차마의 운전자는 보도를 횡단하기 직전에 일시정지하여 좌측과 우측 부분 등을 살핀 후 보행자의 통행을 방해하지 아니하도록 횡단하여야 한다.

제24조(철길 건널목의 통과) ① 모든 차 또는 노면전차의 운전자는 철길 건널목(이하 "건널목"이라 한다)을 통과하려는 경우에는 건널목 앞에서 일시정지하여 안전한지 확인한 후에 통과하여야 한다. 다만, 신호기 등이 표시하는 신호에 따르

는 경우에는 정지하지 아니하고 통과할 수 있다.

제25조(교차로 통행방법) ⑥ 모든 차의 운전자는 교통정리를 하고 있지 아니하고 일시정지나 양보를 표시하는 안전표지가 설치되어 있는 교차로에 들어가려고 할 때에는 다른 차의 진행을 방해하지 아니하도록 일시정지하거나 양보하여야 한다.

제27조(보행자의 보호) ① 모든 차 또는 노면전차의 운전자는 보행자(제13조의2제6항에 따라 자전거등에서 내려서 자전거등을 끌거나 들고 통행하는 자전거등의 운전자를 포함한다)가 횡단보도를 통행하고 있거나 통행하려고 하는 때에는 보행자의 횡단을 방해하거나 위험을 주지 아니하도록 그 횡단보도 앞(정지선이 설치되어 있는 곳에서는 그 정지선을 말한다)에서 일시정지하여야 한다.

⑤ 모든 차 또는 노면전차의 운전자는 보행자가 제10조제3항에 따라 횡단보도가 설치되어 있지 아니한 도로를 횡단하고 있을 때에는 안전거리를 두고 일시정지하여 보행자가 안전하게 횡단할 수 있도록 하여야 한다.

⑥ 모든 차의 운전자는 다음 각 호의 어느 하나에 해당하는 곳에서 보행자의 옆을 지나는 경우에는 안전한 거리를 두고 서행하여야 하며, 보행자의 통행에 방해가 될 때에는 서행하거나 일시정지하여 보행자가 안전하게 통행할 수 있도록 하여야 한다.

⑦ 모든 차 또는 노면전차의 운전자는 제12조제1항에 따른 어린이 보호구역 내에 설치된 횡단보도 중 신호기가 설치되지 아니한 횡단보도 앞(정지선이 설치된 경우에는 그 정지선을 말한다)에서는 보행자의 횡단 여부와 관계없이 일시정지하여야 한다.

제28조(보행자전용도로의 설치) ③ 제2항 단서에 따라 보행자전용도로의 통행이 허용된 차마의 운전자는 보행자를 위험하게 하거나 보행자의 통행을 방해하지 아니하도록 차마를 보행자의 걸음 속도로 운행하거나 일시정지하여야 한다.

제31조(서행 또는 일시정지할 장소) ② 모든 차 또는 노면전차의 운전자는 다음 각 호의 어느 하나에 해당하는 곳에서는 일시정지하여야 한다.

1. 교통정리를 하고 있지 아니하고 좌우를 확인할 수 없거나 교통이 빈번한 교차로

2. 시·도경찰청장이 도로에서의 위험을 방지하고 교통의 안전과 원활한 소통을 확보하기 위하여 필요하다고 인정하여 안전표지로 지정한 곳

이와 같이 '횡단보도 직전 일시정지 위반'과 관련하여 채점기준에서는 서행 위반과 정지선 침범 시 적용하도록 명시하고 있고 도로교통법도 횡단보도에서 보행자가 없는 경우 일시정지 할 의무가 없다. 따라서, 운전면허 시험관을 대상으로 명칭변경과 관련하여 설문조사한 결과 응답자의 약 44%가 '횡단보도 직전 서행 및 침범 위반'으로 변경하는 것이 바람직한 것으로 가장 높게 응답하였다.

그러나, 현재 도로교통법상 횡단보도 직전 서행 의무에 대한 규정도 없는 관계로 채점기준에서 근거도 없는 항목으로, 횡단보도 직전 서행 관련 도로교통법 개정 논의도 필요하다. 횡단보도 직전 서행 관련 도로교통법 근거가 마련되기 전 해당 채점 항목 명칭을 '횡단보도 침범 위반(가칭)' 위반으로 사용할 수도 있을 것으로 본다.

<표 5-5> 횡단보도 직전 일시정지 위반 채점기준 (10점)

내용	채점요령	해설	적용범위
1) 횡단보도예고표시(시행규칙 별표 6 제5호 노면표시 529)부터 서행하지 아니한 경우 2) 횡단보도 정지선 또는 횡단보도 직전에 정지하지 아니하여 앞범퍼가 정지선 또는 횡단보도를 침범한 경우	횡단보도 예고표시가 있는 지점부터 서행으로 진입하지 아니하거나, 횡단보도 정지선 또는 횡단보도를 침범한 경우 채점	횡단보도 예고표시부터 서행 않거나, 정지선 또는 횡단보도를 침범한 경우에 채점한다.	시험시간 동안 채점하며, 중복 채점 가능하다.

 횡단보도 예고표시는 횡단보도 전 50미터에서 60미터 노상에 설치(필요한 경우 10미터에서 20미터를 더한 거리에 추가 설치)되므로 최소 50미터에서 최대 80미터 전부터는 서행하여야 한다.

[참고] 시행규칙 별표 6. 3. 지시표지 322의 횡단보도표지와의 구별
시행규칙 별표 6. 3. 지시표지 322의 횡단보도 표지는 보행자가 횡단보로로 통행할 것을 지시하는 표지이다.

자료 : 도로교통공단, "운전면허시험 매뉴얼", 2021

6. 신호지시 위반 (실격)

현재 도로교통법상 좌회전 차로에서 직진하는 것은 불법이 아니다. 단, 직진 금지 표시가 있을 경우 도로교통법 제5조 (신호 또는 지시에 따를 의무) 위반이 적용된다. 또한, 좌회전 차로에서 직진할 때 무리하게 끼어들면 끼어들기 위반이 적용된다. 직진차로에서 좌회전 하는 것은 교차로 통행방법 위반이 적용된다. 즉, 우리나라는 직진금지 표시가 없으면 좌회전 차로에서 좌회전 차로에서 직진이 가능하고, 직진 차로에서 좌회전은 불법이다.

자료 : 카롱이, "좌회전/우회전 차로에서 직진해도 될까?", 티스토리 마카롱블로그, 2020

[그림 5-2] 교차로 방향별 차로위반 적용 현황

도로 표지 및 신호에 관한 국제협약 (비엔나 협약, 1968) 제28조에서는 다음과 같이 노면표시 화살표에 대하여 기술하고 있다.

1. 차도상에 있는 화살표나 평행선, 사선이나 글씨 기타 표식은 표지판에 의해 내려진 지시사항을 반복하기 위해 사용되거나 도로이용자에게 표지판만으로는 잘 전달될 수 없는 정보를 주기 위하여 사용되어야 한다. 위 표식들은 특히 주차지역이나 주차선의 경계선을 보여주기 위하여, 혹은 주차가 금지되어 있는 버스나 노면전차 정류장을 표시하기 위하여, 그리고 교차로전에 사전 선택을 하기 위하여 사용되어야 한다. 그러나, 만약 세로선으로 나뉘어져 있는 차선으로 된 차도위에 **화살표가 있다면, 운전자는 자신이 주행하던 차선에 지시되어 있는 방향을 따라가야 한다.**

도로 표지 및 신호에 관한 국제협약 (비엔나 협약, 1968) 부록 4 "우선순위, 정차 및 주차를 제외한 규제표지"에서 우리나라에서 지시표지로 사용되는 화살표 안전표지를 다음과 같이 기술하고 있다.

B절 강제표지판

(a) 따라가야 할 방향

자동차가 따라가야 하는 방향이나, **진행하도록 허용된 유일한 방향**은 D, … (중략) … 즉, 화살표가 교통방향을 적절하게 가리키고 있도록 표시되어야 한다.

즉, 우리나라에서 지시표지로 사용되고 있지만 국제협약에서 규제표지의 하나인 강제표지로 사용되고 있으며 일본에서도 규제표지로 '지정방향 외 진행 금지 표지'로 사용되고 있어 향후 이에 대한 도로교통법상 교통안전시설에 대한 개정이 필요할 것으로 생각된다.

[그림 5-3] 지시표지 (국제협약에서는 규제표지(Mandatory Sign))

신호 지시 위반 채점기준에서 노면표시 지시위반의 경우 교차로에서 차로별 노면표시 화살표는 앞에서 살펴본 바와 같이 명백히 교통안전시설의 지시 위반에 해당하는 사항으로 직진 금지 표시가 없어도 '신호 지시 위반' 실격을 적용하는 것이 바람직할 것으로 보인다.

참고적으로 운전면허 시험관의 해당 채점항목 변경에 대한 의견을 질문할 결과 응답자의 약 46%가 금지 표시 상관 없이 신호 지시 위반 (실격)을 적용하는 것이 바람직한 것으로 가장 높게 나타났다.

<표 5-6> 신호 지시 위반 채점기준 (실격)

내용	해설	적용범위
신호 또는 지시에 따르지 않은 경우	법 제5조에 따른 신호 또는 지시는, 교통안전시설이 표시하는 신호·지시와 교통정리를 하는 경찰공무원등의 신호·지시를 의미하며, 이 때 교통안전시설이 표시하는 신호 또는 지시는 신호기에 의한 신호 및 안전표지에 의한 지시를 의미한다.	시험시간 동안 사유발생시 적용한다.

··· (중략) ···

3. 노면표시 위반 관련 문제
 1) 노면표시를 위반한 것이 지시위반에 해당하는지 여부
 → 직진, 좌·우회전, 유턴 등을 금지하는 노면표시를 위반하여 진행한 경우에는 지시위반 적용하여 실격 처리한다.

··· (중략) ···

자료 : 도로교통공단, "운전면허시험 매뉴얼", 2021

V. 운전면허시험 채점기준 검토

7. 긴급자동차 진로 미양보 (실격)

현재 우리나라 도로교통법 제29조(긴급자동차의 우선통행)에서는 긴급자동차의 우선통행과 관련하여 교차로와 그 외 장소에서의 진로 양보를 명시하고 있으나 구체적인 채점방법이 없어 현장에서 채점빈도가 낮게 나타나고 있다.

소방청 정책브리핑 자료(2022) 길터주기 요령을 살펴보면, 긴급자동차 접근 시 교차로, 차로별 길터주기 요령을 구체적으로 언급하고 있어 채점기준 반영 필요하다.

[그림 5-4] 긴급자동차 진로 관련 길터주기 요령 (출처 : 카카오 블로그)

추가적으로, 캐나다 밴쿠버에서는 긴급자동 진로 양보와 관련하여 긴급자동차와 의사 소통 및 거리 유지를 위해 긴급자동차를 보았을 때에는 방향지시등을 켜서 긴급자동차 운전자에게 긴급자동차가 접근하고 있음을 인식하였음과 차량을 이동 중이라는 것을 알려야 한다. (캐나다 밴쿠버 주재 총영사관, 2018)

차로준수와 더불어 방향지시등에 관련하여 시험관 설문조사 결과 응답자의 74%가 '방향지시등/차로준수 모두 반영' 2가지 모두 반영하는 것으로 응답하였다. 따라서 채점기준에 2가지 모두 반영하는 방향으로 개정하는 것이 필요하다.

<표 5-7> 긴급자동차 진로 미양보 채점 기준 (실격)

내용	해설	적용범위
긴급자동차 진로 미양보	본래의 긴급한 용도로 사용되고 있는 긴급자동차에 진로를 양보하지 않은 경우 적용한다.	시험시간 동안 사유발생 시 적용한다.

1) 긴급자동차란 소방차, 구급차, 혈액 공급차량 및 긴급한 경찰업무 수행에 사용되는 차량 등으로 그 본래의 긴급한 용도로 사용되고 있는 자동차를 의미한다.
2) 긴급자동차에 대한 진로 양보 방법
   ① 교차로나 그 부근
      → 차마와 노면전차의 운전자는 교차로를 피하여 일시정지하여야 한다.
   ② 교차로나 그 부근 외의 장소
      → 긴급자동차가 우선통행 할 수 있도록 진로를 양보하여야 한다.

자료 : 도로교통공단, "운전면허시험 매뉴얼", 2021

8. 어린이통학버스 보호 위반 (실격)

우리나라 도로교통법에는 어린이통학버스와 관련하여 정차 시 일시정지하여 안전을 확인 후 서행, 편도 1차로 반대방향 차량도 일시정지, 앞지르기 금지 등 3가지 사항에 대하여 규정하고 있다.

도로교통법 제51조(어린이통학버스의 특별보호) ① 어린이통학버스가 도로에 정차하여 점멸등 등 어린이 또는 유아가 타고 내리는 중임을 표시하는 장치를 작동 중인 때에는 어린이통학버스에 이르기 전에 일시정지하여 안전을 확인한 후 서행하여야 한다.

② 제1항의 경우 중앙선이 설치되지 아니한 도로와 편도 1차로인 도로에서는 반대방향에서 진행하는 차의 운전자도 어린이 통학버스에 이르기 전에 일시정지하여 안전을 확인한 후 서행하여야 한다.

③ 모든 차의 운전자는 어린이나 영유아를 태우고 있다는 표시를 한 상태로 도로를 통행하는 어린이통학버스를 앞지르지 못한다.

현재의 채점기준도 마찬가지로 일시정지 후 서행하는 것과 앞지르기 금지에 대해 동일하게 명시하고 있으나, 편도 2차로 이상인 경우는 일시정지 여부를 적용하는 것이 명확하지 않다. 도로교통법 조항대로 적용하자면 차로에 상관없이 모든 차로에서 일시정지한 후 서행하는 것이 올바른 방법이 될 것으로 보인다. 미국과 캐나다도 스쿨버스 양보 규칙을 우리나라와 같이 유사하게 적용하고 있다. (캐나다 벤쿠버 주재 총영사관, 2018)

하지만 이와 같은 어린이통학버스 관련 법 조항은 2014년 12월 30일에 개정되어 한참 시간이 지났음에도 아직 현실에서는 법 규정도 알고 있는 사람도 그리 많지 않고 일시 정지한 통학버스를 보고도 일시정지는 고사하고 중앙선을 넘어 추월하는 경우가 대부분이다.[15]

따라서, 어린이통학버스 정지 시 일시정지 후 서행과 관련하여 교통법규에 대한 대국민 홍보와 더불어 사전 교육이 필요할 것으로 보인다. 내부적으로 뒷차로만 일시정지를 적용하여 채점하는 것도 하나의 대안이 될 수 있을 것으로 보인다. 운전면허 시험관 대상으로 편도 3차로 도로에서 일시정지 여부를 적용할 차로 위치에 대해 설문조사 결과도 응답자의 57%가 어린이통학버스 뒷 차로만에 적용하는 것이 바람

---
15) 양우일, "어린이 통학버스 특별보호에 대해 아는가?", 소셜포커스, 2021

V. 운전면허시험 채점기준 검토

직할 것으로 응답하여 가장 높게 나타났다.

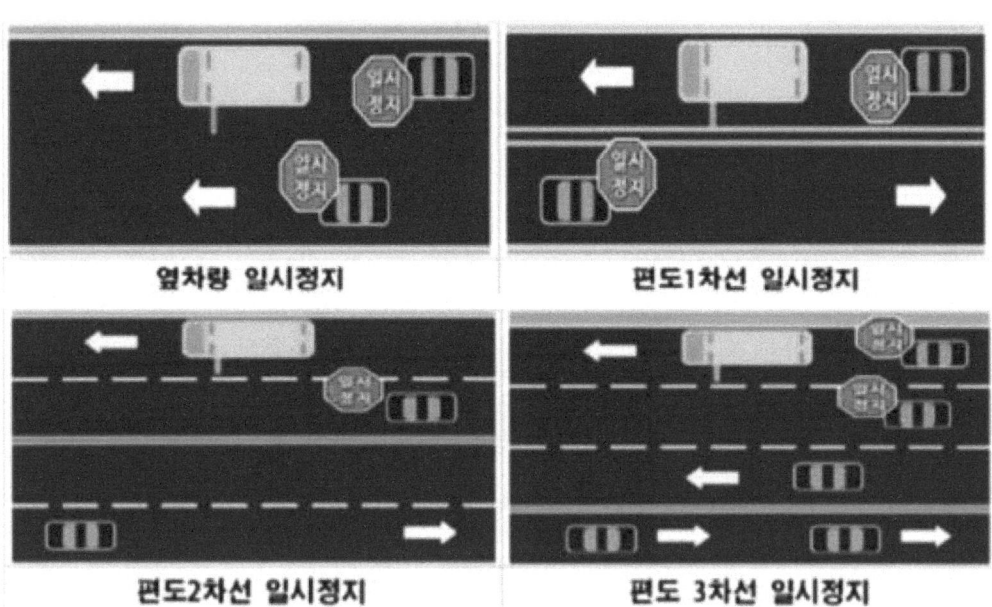

[그림 5-5] 스쿨버스 보호 위반 관련 차로별 일시정지 요령 (출처 : 소셜포커스)

<표 5-8> 어린이통학버스 보호 위반 채점 기준 (실격)

내용	해설	적용범위
어린이통학버스 보호 위반	어린이통학버스 특별 보호의무에 위반하여 어린이통학버스를 앞지르기하거나 안전을 확인하지 않은 경우 적용한다.	시험시간 동안 사유발생 시 적용한다.

1) 어린이통학버스 보호 위반의 유형
 - 어린이통학버스가 도로에 정차하여 어린이 또는 영유아가 타고 내리는 중임을 표시하는 장치(점멸등 등)를 작동 중인 때에는 어린이통학버스에 이르기 전에 일시정지하여 안전을 확인한 후 서행하여야 한다.
 - 중앙선이 설치되지 아니한 도로와 편도 1차로인 도로에서는 반대방향에서 진행하는 경우에도 적용된다.
 - 어린이나 영유아를 태우고 있다는 표시를 한 상태로 도로를 통행하는 어린이통학버스를 앞지르기 한 경우
 … (중략) …

자료 : 도로교통공단, "운전면허시험 매뉴얼", 2021

VI. 운전면허시험 채점방안 검토

Ⅵ. 운전면허시험 채점방안 검토

1. 장내기능시험 채점방안 검토

현재의 장내기능 채점시스템은 전체 21개 채점항목 중 18개가 자동화되었지만, 1980년 도입된 시스템으로 그 동안의 기술변화를 고려하여 공기압 센서를 사용하는 직각주차 항목의 개선이 필요하고, 아직 육안으로 확인하고 있는 차로준수 및 연석접촉의 2개 항목의 자동화 검토할 필요가 있다.

특히, 직각주차 항목의 노면센서 검지선인 공기압 센서의 경우 온도의 영향을 많이 받아 센서박스안의 에어전기소자의 감도 조절이 필요하고, 시험차량의 회전 등에 의해 공기압 호스가 파손되는 사례가 발생하여 대체 필요하다고 본다. 운전면허 시험관의 설문조사 결과 응답자의 63%가 장내기능시험에서 사용하고 있는 5개 센서 중 검지선(공기압) 센서의 개선이 필요하다고 가장 많이 지적하였다.

   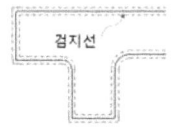

공기압호스　　에어전기소자　　센서박스　　　　　　직각주차 검지선

[그림 6-1] 장내기능시험 직각주차 검지선(공기압) 시스템 구성

<표 6-1> 장내기능시험 공기압 센서 사용 및 수동 채점항목

구분	채점항목	점수	내용	비고
기본주행	직각주차	10	· 차의 바퀴가 검지선을 접촉한 경우 · 주차브레이크를 작동하지 않은 경우 · 120초 초과시 (이후 120초 초과시마다 10점 추가 감점)	공기압 센서 사용
기본주행	차로준수	15	· 과제수행 중 차의 바퀴 중 어느 하나라도 중앙선, 차선 또는 길가장자리구역선을 접촉하거나 벗어난 경우	육안으로 수동 확인
실격사항	안전사고 또는 연석 접촉	실격	· 시험 중 안전사고를 일으키거나 차의 바퀴가 하나라도 연석에 접촉한 경우	육안으로 수동 확인

장내기능 채점 시스템의 노후화된 직각주차 검지선(공기압) 센서 대체와 차로준수 및 연석접촉에 대한 육안 확인을 자동화하기 위해 다음 2가지 방안을 검토하였다.

1) 대안 1 - 어라운드 뷰 카메라 (AVM, Around View Monitor)

2008년 일본 닛산자동차에 개발한 어라운드 뷰 카메라는 자동차에 전후 좌우 4개의 카메라를 설치한 뒤 이 영상을 합성 보정하여, 마치 하늘에서 내려다 보는 것과 같은 영상을 제공하는 시스템으로 자동차 회사별로 Top View, Bird's View, Souround View Monitor, Area View 등 다양한 이름을 사용하고 있으며 상용화가 되어 있는 시스템이다.

어라운드 뷰 카메라의 동작조건은 시속 15 km/h 이하 전진 시 또는 시속 10 km/h 이하 후진 시, 변속 레버 D, N, R일 경우에만 작동이 가능하도록 설계되어 있어 장내 기능 제한속도 20 km/h 임을 감안할 때 사용 가능할 것으로 판단되나, 기존 채점 시스템에 추가되는 개념으로 현재의 장내기능 채점 시스템 통합이 필요하고, 차로 이탈 여부에 대한 검지 및 영상의 저장 기능은 별도로 추가 개발되어야 할 것으로 본다.

[그림 6-2] 어라운드 뷰 시스템 (출처 : 내화 모터스)

2) 대안 2 - ㈜네오정보시스템의 RTK-GNSS

기존 운전면허 채점 시스템을 개발한 ㈜네오정보시스템에서 새롭게 개발한 장내기능 채점 시스템으로 실시간 고정밀 GNS 시스템을 사용하여 시험장에 센서 매설 없이 차량시스템 설치만으로 채점이 가능하도록 개발된 시스템이다.

본 보고서의 자율주행 센서에서 검토한 위성항법시스템(GNSS, Global Navigation

Satellite System)중 위치 오차를 1 미터 이내로 줄인 보정기법인 RTK(Real Time Kinematic)를 장내기능시험에 적용하여 개발한 것으로 다수의 위성 수신(GPS, GLONAS, BEIDOU, GALILEO) 및 Base Station을 통한 위치보정으로 2cm 이내 위치 정확도 가능한 것으로 자체적으로 평가하고 있다. RTK-GNSS 시스템은 위성으로부터 위치정보를 받아야 하기 때문에 위성수신이 원활하지 않은 시험장은 설치가 불가능할 수도 있다. 실제 설치는 RTK-GNSS Base Station을 설치하고 1~2일의 시간이 필요하며, Base Point Survey가 완료되면 시험장 도면을 측량하여 좌표정보로 변환하고, 나머지 차량 설치 및 시스템 설치를 걸쳐 완료된다.

㈜네오정보시스템 내부 자료에 의하면 자체 개발 위치보정 알고리즘을 적용 시험 중 위성수신 상태가 좋지 않은 경우에도 시험 진행이 가능하고 다음과 같은 장점이 있는 것으로 홍보하고 있다. [16]

① 센서 매설 불필요　　③ 토목공사 없이 설치
② 차체 기준 1cm 오차　④ 유지보수 비용 기존 방식과 비용 유사

RTK-GNSS 위치 정확도가 2cm 이내임을 고려하면 기존 경찰청 장내기능시험 채점기 규격에서 요구하는 10cm 오차 범위를 충족할 수 있을 것으로 볼 수 있다. 또한, 대안 1의 어라운드 뷰 카메라는 직각주차, 차로준수 및 연석접촉 같은 채점항목에서만 사용이 가능하고 기존 시스템 통합과 추가 개발이 필요한 반면, RTK-GNSS 시스템은 기존 모든 채점항목을 대체할 수 있고 이미 ㈜네오정보시스템에서 개발한 시스템으로 시스템 통합을 할 필요가 없다는 점에서 큰 장점이라고 볼 수 있다.

또한, 선택 가능한 옵션 프로그램으로 앞에서 살펴본 어라운 뷰 카메라 시스템인 NEO-VMS (Vehicle Monitoring Software)를 제공하고 있어 통제실에서 차량의 운행상황을 실시간으로 모니터링 할 수 있다. 아직 시스템의 미반영 되어 있지만 RTK 위치 정보에 따른 검지와 어라운드 뷰 카메라도 검지를 가능하게 하여 상호 교차 비교하여 정확도 향상도 기대해 볼 수 있다.

하지만, 아직 경찰청 규격에 미반영 되어 있는 상태로 현재 공단의 운전면허시험장에서는 사용은 불가능하다. 새로운 채점 시스템을 도입하기 위해서 경찰청 채점기 규격(안)을 마련하고 경찰청과 협의가 필요할 것으로 본다. 또한 정확도와 관련하여 아직 객관적으로 검증이 되어야 하고, 위성 수신이 안돼는 시험장의 경우 설치가 어려운 점도 향후 해결해야 할 과제로 보인다.

---

[16] ㈜네오정보시스템, "RTK-GNSS SYSTEM for Driver's License Test", 2022

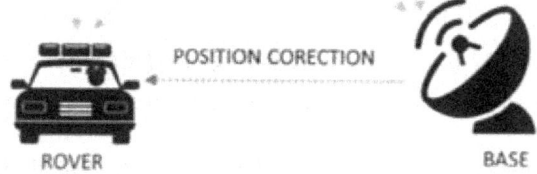

[그림 6-3] RTK – GNSS System (출처 : (주)네오정보시스템)

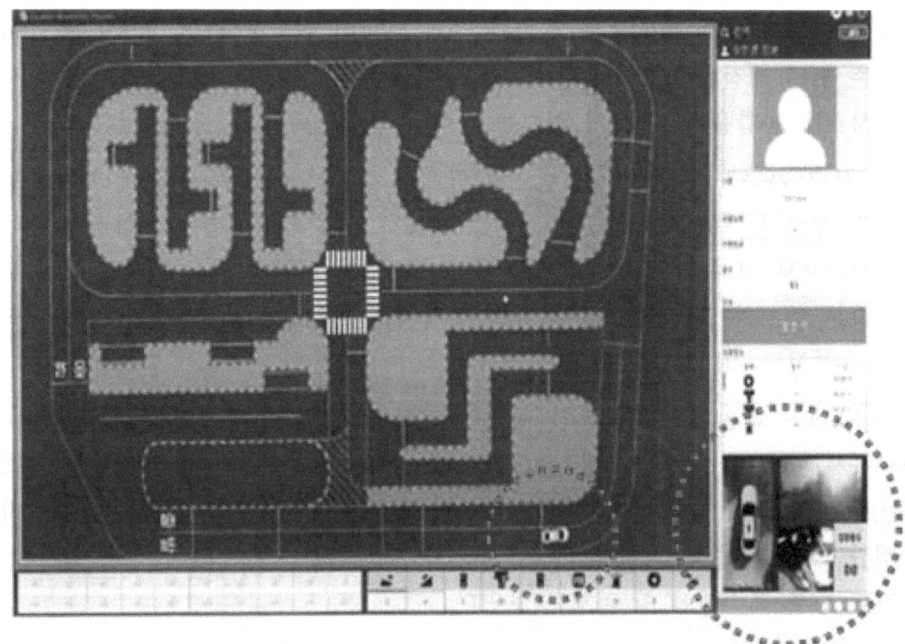

[그림 6-4] 옵션 소프트웨어 NEO-VMS (출처 : (주)네오정보시스템)

2. 도로주행시험 채점방안 검토

현재 도로주행시험 채점항목 57개 중 수동 채점항목 35개에 대한 자동 채점방안을 자율주행에서 사용되는 센서와 기능을 적용하여 4가지 채점방안을 제시하고자 한다.

- ○ 자율주행 객체인식 적용
  - 컴퓨터 비전 기술을 바탕으로 보행자, 교통신호, 긴급차량 등의 객체인식 기술 적용이 필요한 채점항목 검토
- ○ 부분 자율주행시스템 적용
  - UN Regulation 157와 국토부 부분 자율주행시스템에서 규정하고 있는 안전거리, 차로변경 등에 적용되는 산식을 적용하기 위하여 주변 차량과의 위치, 거리, 속도 등이 필요한 채점항목 검토
- ○ 운전자 모니터링 적용
  - 차량 내부 카메라를 기반으로 운전자의 안전 확인, 핸들 조작, 제동 여부 등에 적용 가능한 채점항목 검토
- ○ 기타 센서 사용
  - 관성측정장치(IMU)를 사용 급조작 및 급출발과 관련 심한진동 채점항목 검토

1) 자율주행 객체인식 활용 채점방안

컴퓨터 비전은 이미지와 비디오를 처리해 유의미한 정보를 추출하는 인공지능 기술로 광학 문자 인식, 이미지 인식, 패턴 인식, 얼굴 인식, 객체 감지 및 분류(객체인식) 등이 있으며, 자율주행에 적용되는 객체인식은 하나의 이미지에 존재하는 다수의 객체(보행자, 차량, 차선, 횡단보도 등)를 인식하고 XY 좌표를 사용하여 경계박스를 생성 식별하는 기술이다. 산업통상자원부(2017년) 자료를 살펴보면 인공지능 딥러닝을 통한 카메라 영상의 보행자 인식률 83~96%, 차선 인식률 90~96%, 차량 인식률 93~96% 정도로 도로주행 자동 채점에 적용 가능한 기술이지만 보행자, 차선, 차량 등에 집중되어 있어, 도로상의 다양한 상황 등을 고려하여 향후 교통신호등, 안전표지, 긴급자동차, 어린이통학버스 등 객체인식의 범위가 확대될 필요가 있다.

이미지 수집	이미지 처리	이미지 파악
동영상, 사진 또는 3D 기술을 통해 분석할 이미지를 실시간 수집	라벨이 부착된 수천 개의 이미지를 먼저 딥러닝 학습	객체를 식별하거나 분류하는 해석 단계

[그림 6-5] 컴퓨터 비전 작동 원리

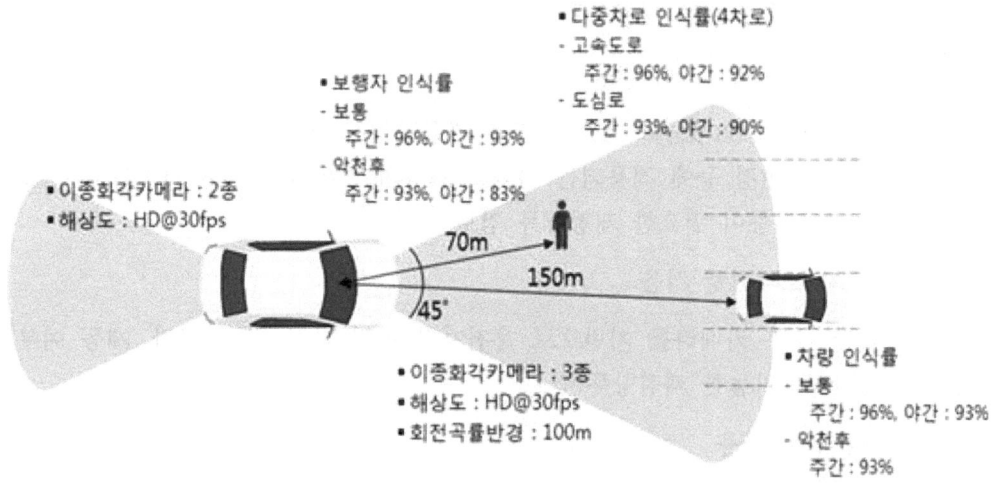

[그림 6-6] 영상인식센서 기술 [17]

　　도로주행시험의 수동 채점항목 중 21개 항목에 대하여 객체인식을 활용하여 자동할 수 있을 것으로 보인다. 주변 차량 인식과 관련된 항목 1개 항목, 노면표시 인식과 관련 되어 차선, 중앙선, 좌우회전 차로, 횡단보도 등 12개 항목, 교통신호 인식과 관련된 3개 항목, 서행 및 일시정지 장소 인식 2개 항목, 보행자 인식 1개 항목, 긴급차량 인식 1개 항목, 어린이통학버스 인식 1개 등으로 구분 될 수 있다.

　　현재의 자율주행과 관련된 객체인식은 차량, 보행자, 차선 등에 국한되어 있어 도로주행 채점 자동화를 위해 도로교통법에서 정하고 있는 신호기, 노면표시, 안전표지 등의 교통안전시설과 긴급차량, 어린이통학버스 등 차별적인 교통법규가 적용되는 항목에 대한 확대가 필요한데, 향후 자율주행 고도화에 따른 기술개발이 요구된다.

---

17) 산업통상자원부, 자율주행자동차 핵심기술개발사업 RFP, 2017

VI. 운전면허시험 채점방안 검토

<표 6-2> 객체인식을 활용한 도로주행 자동 채점방안

번호	채점항목	점수	채점내용 요약	채점방안
7	주변 교통 방해	7	진행신호 중에 기기조작 미숙으로 출발하지 못하거나 불필요한 지연출발	주변 차량 인식
12	신호 중지	5	출발 후 차로변경 끝나기 전에 방향지시등을 끈 경우	차로변경 인식
25	지정차로 준수 위반	7	1종보통 시험차량 오른쪽 지정차로 이용 여부, 좌회전 2개 차로 이상에서도 적용	지정차로 인식
30	진로 변경 신호 불이행	7	진로변경 때 방향지시등 미작동	차로변경 인식
31	진로 변경 30미터 전 미신호	7	진로변경 때 30미터 앞부터 방향지시등 작동 여부	차로변경 인식
32	진로 변경 신호 미유지	7	진로변경이 끝날 때까지 방향지시등 미유지	차로변경 인식
33	진로 변경 신호 미중지	7	진로변경 하고도 방향지시등 켠채로 10미터 이상 주행	차로변경 인식
34	진로 변경 과다	7	연속적으로 2차로 이상 진로변경하는 경우	차로변경 인식
35	진로 변경 금지 장소 변경	7	교차로 또는 횡단보도 등 백색실선에서 진로변경(유턴시 뒷바퀴 만 중앙선 침범)	차로변경 금지장소 인식
39	교차로 진입 통행 위반	7	우회전시 우측 가장자리 차로 서행, 좌회전 시 중앙선 따라 중심안쪽 서행 위반	교차로 방향별 차로 인식
28	차로유지 미숙	5	직선 또는 굽은길 통행 시, 안전지대, 길가장자리구역 차선 침범	차선, 안전지대, 길가장자리 인식
53	중앙선 침범	실격	시험 차량의 바퀴가 중앙선을 넘었을 경우(유턴 시 앞바퀴와 뒷바퀴 모두 침범)	중앙선 인식
43	횡단보도 직전 일시정지	10	횡단보도 서행, 횡단보도 정지선 앞 범퍼 침범	횡단보도 인식
40	신호차 방해	7	신호 교차로에서 신호차 방해 (우회전 시도하여 좌회전 신호차 방해)	교통신호 인식
41	꼬리 물기	7	신호 교차로에서 신호 변경되고 측방 차량 소통 방해	교통신호 인식
50	신호 지시 위반	실격	교통안전시설 또는 경찰공무원이 표시하는 신호 또는 지시에 따르지 않은 경우	신호 지시 인식
37	서행 위반	10	교차로 좌우회전, 굽은길, 오르막, 내리막, 안전표지 등 위반	서행 장소 인식
38	일시정지 위반	10	보도 진출입, 철길 건널목, 교통정리 하고 있지 아니하고 좌우를 확인할 수 없거나 교통이 빈번한 교차로, 안전표지 등	일시정지 장소 인식
51	보행자 보호 위반	실격	횡단 보행자가 있는 경우 일시정지, 어린이보호구역 내 무신호 횡단보도 일시정지, 보행자 옆을 지나는 경우 서행 위반	보행자 인식
55	긴급자동차 진로 미양보	실격	긴급자동차에 진로 미양보(교차로 일시정지, 그 외 장소 진로 양보)	긴급자동차 인식
56	어린이통학버스 보호 위반	실격	어린이통학버스 승하차 중 일시정지, 앞지르기 금지 위반 등	스쿨버스 인식

2) 부분 자율주행시스템을 활용한 채점방안

운전면허시험에서 운전능력을 평가하기 위해 객체 인식을 통한 상황별 대응도 필요하지만 끼어들기, 차로변경, 안전거리 확보 등과 같은 주변 차량과 상호작용에 따른 복잡한 상황을 판단할 수 있는 채점 정량화가 필요하다. 이를 위해 자율주행 운전능력을 검증하고자 최근 마련된 정량화를 반영하고자 한다.

우리나라에서 미국 자동차공학회(SAE)의 자율주행 레벨 1~레벨 2에 대한 첨단운전자지원시스템(ADAS), 자동명령기능(ACSF)에 대한 규정을 국토부에 마련하였고, 2021년 자율주행 레벨 3를 지향하여 유럽의 UN Regulation 157의 자동차로유지시스템(ALKS)을 바탕으로 '자동차 및 자동차부품의 성능과 기준에 관한 규칙[별표 27] 부분 자율주행시스템의 안전기준'을 제정하였고, 여기에서 최소안전거리, 차로변경 전후방 안전거리, 끼어들기에 대한 정량적 기준이 마련되어 이를 반영하고자 한다.

첫 번째 전방 최소안전거리 산식은 다음과 같다. 이는 유럽의 도로교통에서 일반적으로 적용되는 차간 안전거리를 2초를 바탕으로 산출된 식으로 속도별로 Time Gap을 제시하고 있고, 우리나라에서는 이를 수식으로 만들어 유사한 방식으로 적용하고 있다. 자율주행차량은 다음 공식을 이용하여 산출한 전방 최소 안전거리보다 같거나 큰 거리를 유지하도록 요구하고 있다.

전방 최소안전거리 (m) :

$$S = \max [\min (V_{ALKS} \times t_{front1}, V_{ALKS} \times t_{front2}), 2]$$

S : 전방최소안전거리(m)
V_{ALKS} : 자동차로유지기능을 장착한 자동차의 실제속도 (m/s)
t_{front1} : 대상자동차와 전방자동차간 시간차 (0.2 + 2.9 × V_{ALKS} / 36.1) (초)
t_{front2} : 대상자동차와 전방자동차간 시간차 (2초)

위의 산식에서 계산된 전방 최소안전거리에 대하여 UN Regulation 157과 국내기준을 비교하면 100km/h 미만에서는 거의 유사하나, 100km/h 이상에서는 우리나라의 Time Gap이 작아 안전거리가 R.157보다 작게 나타났다. 또한 도로구조규칙의 정지시거와 비교하면 산출된 안전거리와 크게 차이를 보이는데, 이는 정지시거가 정지된 차량을 대상으로 산출되었고, Time Gap은 움직이는 차량을 대상으로 계산된 안전거리라는 차이로 인해 발생한 것으로 보인다.

VI. 운전면허시험 채점방안 검토

<표 6-3> 전방 최소안전거리(S)에 대한 UN Regulation 157 및 국내기준 비교

V_{ALKS} (km/h)	V_{ALKS} (m/s)	UN/ECE R.157		부분 자율주행시스템		도로구조규칙
		Time gap (s)	Following Dist. (m)	Time gap (s)	Following Dist. (m)	정지시거 (m)
0	0	0.9	2	0.2	2	-
7	2.0	1.0	2	0.4	2	-
10	2.8	1.1	3	0.4	2	-
20	5.6	1.2	7	0.6	4	20
30	8.3	1.3	11	0.9	7	30
40	11.1	1.4	16	1.1	12	45
50	13.9	1.5	21	1.3	18	60
60	16.7	1.6	27	1.5	26	80
70	19.4	1.7	34	1.8	34	100
80	22.2	1.9	42	2.0	44	120
90	25.0	2.1	52	2.0	50	145
100	27.8	2.3	63	2.0	56	170
110	30.6	2.5	76	2.0	61	195
120	33.3	2.7	91	2.0	67	225
130	36.1	3.0	108	2.0	72	-

주: 음영부분은 UN Regulation 157에 없는 부분으로 비교를 위해 보간법으로 산출한 수치임
자료 1) UN Regulation 157, "Uniform provisions concerng the approval of vehicles with regards to Automated Lane Keeping Systems", UNECE, 2021
　　 2) 국토부, "자동차 및 자동차부품의 성능과 기준에 관한 규칙 [별표27]부분 자율주행시스템의 안전기준", 2021
　　 3) 국토부, "도로의 구조·시설 기준에 관한 규칙 (약칭 : 도로구조규칙)", 2021

두 번째 차로변경 시 안전거리 산식은 다음과 같다. 위험최소화 시 차로변경이 가능하도록 설계된 부분 자율주행시스템은 다음 안전거리에 따라 지정된 안전구역 내에서 다른 자동차 및 장애물이 없는 경우에만 수행하도록 요구하고 있다.

가) 차로변경 전방 최소안전거리

① $V_{front} \geq V_{ALCF}$ 경우 : $S_{critical-front} = V_{ALCF} \times t_G$

② $V_{front} < V_{ALCF}$ 경우 : $S_{critical-front} = (V_{rear} - V_{ALCF}) \times t_B + (V_{rear} - V_{ALCF})^2 / (2 \times a) + V_{ALCF} \times t_G$

나) 차로변경 후방 최소안전거리

① $V_{rear} \geq V_{ALCF}$ 경우 : $S_{critical-rear} = (V_{rear}-V_{ALCF}) \times t_B + (V_{rear}-V_{ALCF})^2/(2 \times a) + V_{ALCF} \times t_G$

② $V_{rear} < V_{ALCF}$ 경우 : $S_{critical-rear} = V_{ALCF} \times t_G$

V_{front} : 목표차로의 전방에 위치한 자동차의 실제속도 (m/s)
V_{rear} : 접근하는 자동차의 실제속도 또는 110 km/h 중 낮은 속도 (m/s)
V_{ALCF} : 자동차로변경기능을 갖춘 자동차의 실제속도 (m/s)
a : 전방 - 젖은 노면조건으로 실현 가능한 감속도 7.02m/s²
　　후방 - 접근하는 자동차의 감속도 3m/s²
t_B : 전방 - 감속도 수준 도달 시까지의 시스템 지연 0.3초
　　후방 - 차로변경거동 시작 후 전후방 자동차의 감속이 시작되는 시간 0.4초
t_G : 전방 - 차로변경기능을 갖춘 자동차가 감속한 후 전방자동차사이의 잔여시간차이 1초
　　후방 - 후방 접근하는 자동차가 감속한 후 차로변경기능을 갖춘 자동차사이의 잔여시간차이 1초

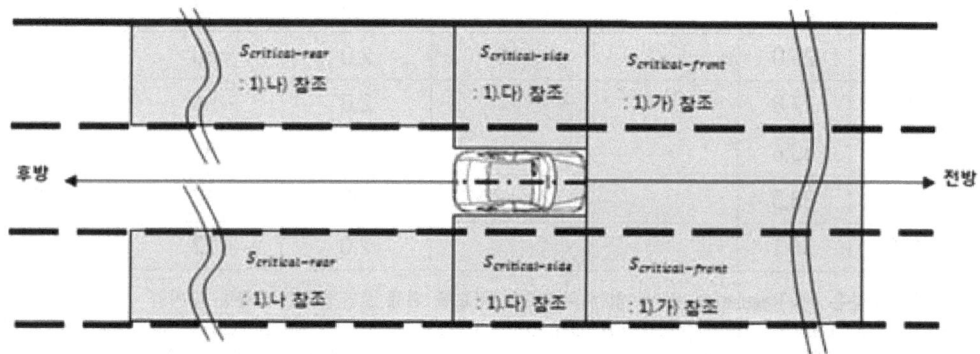

[그림 6-7] 부분 자율주행시스템 차로변경 가능 영역

세 번째 끼어들기(Cut-in) 대응 기준은 두 번째 차로변경 시 안전거리 기준을 적용을 적용하면 차량 정체시의 끼어들기와 정상적인 차로변경을 구분할 수 있는 정량적인 기준이 될 수 있을 것이다.

위와 같은 안전거리 계산 시 사람의 인지반응시간과 부분 자율주행시스템의 지연시간을 비교하면 국토교통부의 부분 자율주행시스템 지연시간이 0.2~0.4초로 미국 ASSHTO 도로설계기준보다 2.5초 보다 낮음을 알수 있다. 하지만 1960~2010년 사이의 사람의 인지반응시간 관련 연구에서는 0.5~1.34초로 낮아지고 있으며, 운전면허시험에서 인지반응시간이 작다는 것은 응시자에게 요구하는 기준이 낮아짐으로써 오히려

유리한 채점기준으로 작용할 수 있다.

<표 6-4> 사람인지반응시간과 부분 자율주행시스템 지연시간 비교

사람 인지반응시간	부분 자율주행시스템 지연시간
ㅇ 미국 ASSHTO 기준 (1950년대 실험결과) 　- 도로설계 2.5초 　- 신호교차로 1.0초 / 비신호교차로 2.0초	ㅇ 최소안전거리 　- 0.9초 (UN Regulation 157) 　- 0.2초 (국토부)
ㅇ 관련연구 (1960~2010년 평균값) 　- 0.59~1.34초	ㅇ 차로변경 시 　- 전방 0.3초 (감속 가속도 7.02㎨) 　- 후방 0.4초 (감속 가속도 3㎨)

자료 : 장명순 외 4인, "운전자 인지반응시간의 시대적 진화 연구", 교통과 기술과 정책 제8권 제6호, 2011

부분 자율주행시스템 운전능력에 대한 정량적 검증 기준을 도로주행시험에 적용하여 자동화가 가능한 채점항목은 총 7개 항목으로 산식에 필요한 주변 차량의 위치, 거리, 속도 등에 대한 값이 필요하고 이는 자율주행차량 카메라, 라이다, 레이더 등의 센서로 감지가 가능할 것으로 보인다.

안전거리 미확보의 현재 채점기준에서는 현재 60킬로 주행시 30미터 이상 거리를 확보하도록 하고 있는데, 이는 부분 자율주행시스템의 최소 안전거리 26미터와 유사한 수치이다. 또한, 부분 자율주행시스템의 산식을 적용할 경우 주행 속도별로 안전거리를 산출할 수 있고, 육안으로 거리를 확인하고 있는 현재의 수동 채점방식을 자동화 하기 위한 방안으로 적용 가능하다. 교통사고 위험의 경우는 부분 자율주행시스템의 정량적 기준은 차로변경 시 적절한 안전거리 유지를 판단할 수 있는 하나의 채점방안으로 활용될 수 있다.

끼어들기 금지에 대한 채점에서 부분 자율주행시스템 차로변경 기준은 앞의 채점기준 검토 부분에서 살펴본 바와 같이 차량정체 시 차로변경과 정상주행 시를 구분하는 정량적 기준이 될 수 있다.

진로변경 미숙 채점항목은 부분 자율주행시스템의 차로변경 기준을 적용하여 정상적인 차로변경이 가능함에도 운전미숙으로 차로변경을 하지 못하는 정량적 기준으로 활용될 수 있다.

우측 안전 미확인에서는 운전 시 사각지대에 있는 이륜차 또는 다른 차량에 감지가 필요한데 현재 자율주행 ADAS 기능 중 하나인 사각지대감시장치(BSD)를 적용하여 채점이 가능하다. 1미터 간격 미유지 채점은 후측방경고장치(RTCA)를 적용하여 자동 채점이 가능하다.

   나머지, 앞지르기 방법 등 위반, 진로 변경 미숙, 신호 없는 교차로 양보 불이행의 경우 자동 채점에 관해 계속 논의가 필요한 바, 레벨 4의 고도화된 자율주행차의 운전능력을 위한 검증방법이 계속 개발되고 있다는 점을 고려하여 향후 좀 더 구체적인 자동 채점방안이 마련될 수 있을 것으로 전망한다.

<표 6-5> 부분 자율주행시스템을 활용한 도로주행 자동 채점방안

번호	채점항목	점수	채점내용 요약	채점방안
48	안전거리 미확보, 교통사고 위험, 야기	실격	안전거리 미확보(60킬로 주행시 30미터 이상 거리 확보), 경사로 1미터 밀리는 현상, 현저한 교통사고 위험 및 야기	주변 차량 위치, 거리, 속도 감지
27	끼어들기 금지	7	합류지점, 우회전 시 차량 정체 등을 이유로 우회전 가까운 곳에서 끼어들기 시도	주변 차량 위치, 거리, 속도 감지
36	진로변경 미숙	7	뒤쪽 차량 급감속 또는 급방향 변경 우려, 진로변경 미숙으로 뒤쪽 차량 방해	주변 차량 위치, 거리, 속도 감지
23	우측 안전 미확인	7	교차로에서 이륜차보다 먼저 출발 또는 우회전 직전 우측(사각)을 확인하지 않은 경우	이륜차, 사각지대 위치, 거리 감지
24	1미터 간격 미유지	7	교행, 주정차 차량, 건조물, 그 밖의 장애물 옆을 통과 시 1미터 이상 유지 못하는 경우	주변 장애물 위치, 거리 감지
26	앞지르기 방법 등 위반	7	좌측 앞지르기, 다른 앞지르기 차량 방해, 앞차 좌측 차 나란히 통행, 법 또는 위험방지를 위해 정지하거나 서행하고 있는차, 굽은 길, 오르막, 내리막, 교차로, 터널, 다리, 건널목, 횡단보도, 안전표지 등 금지	주변 차량 위치, 거리, 속도 감지
42	신호 없는 교차로 양보 불이행	7	선진입차 우선, 넓은 도로차 우선, 우측차 우선, 좌회전 차량 양보	주변 차량 위치, 거리, 속도 감지

3) 운전자 모니터링 시스템을 활용한 채점방안

   운전자 모니터링 시스템은 카메라, 생체 등의 센서를 기반으로 운전자 상태 인식, 전방 상황 인식, 차량정보를 활용하여 주행 중 운전자 졸음이나 주의력 상실 등의 위험상황 등을 통합적으로 판단하여 운전자에게 알람이나 경고를 통해 안전운전을 지원하는 시스템이다.

   최근에는 SMART EYE(스웨덴), Seeing Machines(호주), FotoNation(미국) 등의 기업이 운전자 상태인식 모듈인 카메라 제품을 시장에 출시하고 있다.

Ⅵ. 운전면허시험 채점방안 검토

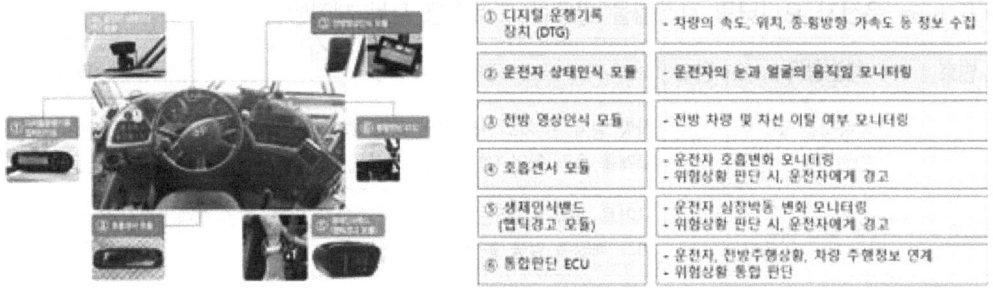

[그림 6-8] 운전자 모니터링 시스템 개별 모듈 개요
자료 : 한국교통안전공단, 1세부 사업용 운전자 위험상황 모니터링 시스템 실용화 기술개발, 2018

[그림 6-9] 카메라 기반 운전자 모니터링 시스템 예시 (출처 : SMART EYE)

도로주행시험의 수동 채점항목 중 5개 항목에 대하여 주로 차량 내부 영상을 통한 운전자의 움직임을 추적하여 고개 돌림, 시선 추적, 브레이크 페달의 발위치, 핸들 조작 등의 자동채점에 활용될 수 있다. 추가적으로 얼굴이나 발동작에 대한 채점 내용을 자동화할 수 있는 딥러닝 알고리즘 개발이 필요하다.

종료 주차 확인 기어 미작동 채점항목의 경우 시험 종료 후 차량 안전을 위해 기어조작을 확인하는 항목으로 차량의 OBD 단자의 정보를 활용할 수 있으나 일반적으로 시동을 끈 상태에서 전원이 없어 기존 채점 시스템에서는 수동으로 시험관이 채점한 항목이다.

<표 6-6> 운전자 모니터링 시스템을 활용한 도로주행 자동 채점방안

번호	채점항목	점수	채점내용	채점방안
2	차량점검 및 안전미확인	7	차량 승차 전 차의 사방 확인하고, 승차 후 최소 한 번은 고개를 돌려 확인 (후사경만으로 확인 불인정)	운전자 얼굴동작
20	제동 방법 미흡	5	교차로 통과 시 또는 주행 중 가속하지 않은 경우 브레이크 페달에 발을 올려두지 않을 때	운전자 발동작
22	핸들 조작 미숙 또는 불량	7	한 손 파지, 교차 파지(양팔을 교차한 채로 핸들이 더 이상 돌아가지 않을 때), S자주행등	운전자 핸들조작
29	진로 변경 때 안전 미확인	10	진로를 변경하려는 경우 고개를 돌리는 등 적극적 안전 미확인	운전자 얼굴동작
46	종료 주차 확인 기어 미작동	5	시험 종료 후 차량 안전을 위해 1단 또는 후진(자동변속기의 경우 P의 위치) 작동	브레이크 위치

4) 기타 센서를 활용한 채점방안

심한진동 채점항목은 제1종 보통 시험차량은 수동기어로 초보운전자 운전 시 저속저단에서 기어속도가 맞지 않거나 클러치페달 조작미숙으로 차량 앞 뒤로 꿀렁거리는 소위 "말타기(Pitch)" 현상에 대한 채점이나, 기존 1개 축 가속도 센서로 측정 안된다. 따라서, IMU센서의 가속도 센서(거리), 자이로 센서(각도), 지자기 센서(방위각)로 Pitch 현상을 측정할 수 있어 자동화가 가능하다.

<표 6-7> 관성측정장치를 활용한 도로주행 자동 채점방안

번호	채점항목	점수	채점내용	채점방안
10	심한진동	5	기기 등의 조작불량으로 인한 차체의 진동이 있는 경우 (말타기)	Pitch 현상 감지

 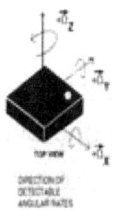  

[그림 6-10] 관성측정장치(IMU)의 측정 요소

Ⅶ. 결론 및 향후 과제

Ⅶ. 결론 및 향후 과제

우리나라 운전면허시험은 학과시험, 장내기능, 도로주행 3개 부문으로 구성되어 있다. 운전면허시험의 자동화로 효율적으로 운영되고 있으나 장내기능의 경우 1980년 도입되어 노후화에 따른 대체 필요성이 제기되었고, 도로주행의 경우 총 57개 채점항목 중 35개가 아직 수동으로 채점되고 있어 공정성과 신뢰성에 있어 자동화 비율 제고에 대한 지속적인 요구가 있어 왔다.

본 연구에서는 제4차 산업혁명 시대를 맞이하여 자율주행 센서와 첨단기능을 활용하여 장내기능 채점시스템의 대체방안과 도로주행 채점시스템의 자동화 방안 제고를 목적으로 연구하였다. 우선, 현재 운전면허시험의 채점시스템 현황에 대한 내용을 정리하였고, 운전면허시험 채점빈도 분석과 운전면허 시험관과 자율주행 전문가를 대상으로 설문조사를 수행하여 장내기능에서는 공기압 센서 대체와 채점기준 개선이 필요하고, 도로주행은 자율주행 센서와 첨단기능을 활용하여 자동화 비율을 제고할 수 있음을 검토하였다.

운전면허시험 채점 자동화를 위해 기존 채점항목 중 채점기준이 불명확하고 채점빈도가 낮은 채점항목에 대해 도로교통법을 근거로 현재 운전면허시험장에 적용하고 있는 운전면허시험 매뉴얼에 대한 개선 사항을 다음과 같이 도출하였다.

장내기능 3개 수동 채점항목 기준은 명확하여 제외하였고, 도로주행 35개 수동채점항목 중 채점빈도가 낮고 명확한 기준이 필요한 ① 끼어들기 금지, ② 서행 위반, ③ 신호 없는 교차로 양보 불이행, ④ 횡단보도 직전 일시정지, ⑤ 신호지시 위반, ⑥ 긴급자동차 진로 미양보, ⑦ 어린이 통학버스 보호 위반 등 7개 항목에 대한 채점기준을 검토하였다. 그에 대한 검토 결과, 도로교통에 관한 국제기준인 '비엔나 협약'과 다른 서행에 대한 정의, 노면표시의 직진 금지표시, 신호 없는 교차로 통행 우선권에 대한 도로로교통법 개정 논의가 필요함을 도출하였다. 또한, 끼어들기, 긴급자동차, 어린이 통학버스에 대한 도로교통공단의 도로주행시험 채점기준에 반영 또는 수정이 필요한 사항을 정리하였다.

운전면허시험 채점 자동화를 위해 자율주행 센서와 첨단기능을 활용하여 노후화된 장내기능 채점시스템을 대체할 수 있는 2가지 방안과 도로주행시험에서 객체인식, 부분자율주행 정량적 기준, 운전자모니터링 등을 활용한 채점 자동화 방안을 검토하였고 그 내용은 다음과 같다.

장내기능시험의 경우 직각주차 채점에서 사용되는 공기압 센서를 대체하여 어라운드 뷰 카메라(AVM) 또는 ㈜네오정보시스템 RTK-GNSS 도입이 가능할 것으로 생각된다. 어라운드 뷰 카메라는 시험차량 전·후방 및 측면에 부착된 약 6개 정도 카메라와 보정 프로그램으로 구성되어 현재의 공기압 센서 대비 유지관리 간편성과 비용절감이 기대된다. 현재 개발된 어라운드 뷰 카메라는 시속 15km/h 이하에서 작동되도록 설계되었기 때문에 장내기능시험의 제한속도가 20km/h 이하임을 고려할 때 적용이 가능하다. RTK-GNSS은 1980년에 도입된 현재 사용되고 있는 채점시스템을 대체할 목적으로 ㈜네오정보시스템에서 신규 개발한 채점시스템으로 최신 GPS 기술을 적용하여 도로 노면의 별도 센서를 설치하는 공사없이 Base Station 작업으로 설치 가능하고 경찰청 기능시험 채점기 규격의 10㎝ 오차를 충족하고, 어라운드 뷰 카메라(AVM) 프로그램을 옵션으로 추가할 수 있어 영상기록저장과 채점에 대해 GPS와 교차 확인이 가능하다는 장점이 있다.

도로주행시험의 경우 채점 자동화를 위해 35개 채점항목에 대해 ① 객체인식, ② 부분 자율주행시스템, ③ 운전자모니터링, ④ 기타 센서 등 자율주행 센서와 첨단기능을 활용한 4가지 방법으로 분류하여 적용 가능함을 검토하였다. 첫 번째로 객체인식을 21개 채점항목에 적용이 가능하나 현재 차선, 보행자, 차량 등에 국한된 자율주행 객체인식 범위를 확대하여 신호기, 노면표시, 안전표지, 긴급차량, 어린이통학버스 등이 가능하도록 프로그램 개발이 필요한 사항으로 보고 있다. 두 번째, 부분 자율주행시스템을 7개 채점항목에 적용할 수 있는데 안전거리, 차로변경, 끼어들기 등 국토부의 '부분 자율주행시스템의 안전기준' 의 평가를 위한 정량적 기준을 적용하여 채점 자동화 방안을 검토하였고, 향후 자율주행의 고도화로 추가적인 정량적 기준들이 개발될 것으로 예상되는 바, 지속적인 반영이 필요할 것으로 생각된다. 세 번째, 운전자 모니터링 시스템을 5개 채점항목에 적용할 수 있는데 운전자 움직임을 추적하여 고개 돌림, 시선 추전, 브레이크 페달 발위치, 핸들 조작 등에 대한 자동채점이 가능할 것으로 보고 있으나 추가적인 딥러닝 프로그램 개발이 필요하다. 네 번째, 관성측정장치(IMU)를 활용하여 제1종 보통 수동차량에서 초보운전자가 잘못된 기어 및 클러치 조작으로 소위 "말타기(Pictch)" 현상으로 인한 심한 진동 수동 채점항목에 대해 자동화가 가능할 것으로 보았다. 기존의 급정지에 사용되는 한 개의 가속도 센서를 대체하여 3개축의 가속도와 회전방향을 알 수 있는 관성측정장치의 대체가 필요할 것으로 본다.

VII. 결론 및 향후 과제

본 연구에서는 자율주행 센서와 첨단기능을 활용하여 운전면허시험 채점 자동화 방안을 도출하였으나, 미국 자동차공학회(SAE)의 자율주행기술 발전단계 전체 6단계 중 현재 레벨 3의 상용화가 진행 중임을 고려할 때 많은 부분의 개발이 필요할 것으로 생각된다. 따라서, 본 연구에서 도출된 채점방안에서 향후 추가적으로 고려하여야 할 내용들을 다음과 같이 정리하였다

장내기능시험의 경우 어라운드 뷰 카메라(AVM)은 기존 채점시스템과 통합문제와 보정 정확도, 카메라 부착 등을 추가 검토가 필요하고, RTK-GNSS은 운전면허시험장 설치 운영을 위해 정확도 관련 기존 시스템과의 객관적 비교 검증을 통해 경찰청 규격안을 마련하여 반영이 필요하다.

도로주행시험의 경우 채점기준과 관련하여 개정사항 반영과 향후 자율주행 기술 변화를 고려할 때 지속적인 반영사항이 발생할 것으로 보고 있다. 좀 더 구체적으로 말하자면, 도로교통공단의 운전면허시험 매뉴얼의 채점기준에 대한 개정사항을 반영할 필요가 있고, 현재 부분자율주행에서 제한속도표지 인식에 대한 사항이 유럽기준과 국토부에 반영되어 있고, 앞으로 자율주행 고도화에 따라 다양한 교통안전시설 등에 대한객체인식 범위 확대가 필요하다. 또한, 국제표준으로 논의 중인 LDM(Localization Dynamic Map)이 자율주행에 도입될 경우 신호등, 보행자, 주변 차량 등의 동적 정보가 제공 될 경우 LDM 방식으로도 채점 자동화가 가능할 수 있을 것으로 생각된다.

향후 자율주행차 성능이 고도화에 따라 안전한 운전능력 검증을 위해 자율주행차량의 도로교통법 준수 여부에 대한 사항이 중요한 이슈로 부각되는 것이 예상되기 때문에 본 연구를 수행하면서 도출된 자율주행 센서 및 첨단기능을 활용한 운전면허시험 채점 자동화 방안이 도로교통법 준수여부에 대한 자율주행차 운전능력 검증방법 개발의 기초자료로도 활용될 것으로 기대한다.

[참고문헌]

㈜네오정보시스템, "구매조건부 신개발사업 운전면허 도로주행 자동채점 및 분석시스템", 중소기업청, 2012

김철우 외 2인, "자동차 운전면허 시험을 위한 자동 채점 시스템 구현", 한국ITS학회, Vol.16 No.5, 2017

김홍석 외 4인, "자율주행 안전성 평가 시나리오 개발 및 검증", 자동차안전학회지 제9권 제1호, 2017

중앙일보, "운전면허시험이 보다 공정해진다.", 중앙일보 1980.08.09.

이원형 외 2명, "도로주행 자동채점 시스템 연구", 도로교통공단, p.3, 2012

산업자원통상부, "미래자동차 산업 발전 전략 - 2030 국가 로드맵", 2019

경찰청, 경찰청 통계연보, 2022

경찰청, "자동차운전면허 기능시험채점기 경찰청 규격", 2016

경찰청, "자동차운전면허 도로주행채점기 경찰청 규격", 2014

도로교통공단, "운전면허시험 매뉴얼", 2021

법제처, "도로교통법 시행규칙 [별표 24] 기능시험 채점기준 합격기준(제66조 관련)", 2021

법제처, "도로교통법 시행규칙 [별표 26] 도로주행시험의 시험항목채점기준 및 합격기준 (제68조 제1항 관련)", 2021

도로교통공단, "운전면허시험 도로주행 채점빈도 내부자료", 2021

기석철, "자율주행차 센서 기술 동향", TTA Journal Vol.173, 2017

김현정, "자율주행자동차, 완전 자율주행 도전하다", 과학기술, 2021.03.23.

뉴시스, "[車블랙박스]카메라부터 초음파까지…안전한 자율주행, 4개 센서에 달렸다.", 2021.09.14.

참고문헌

고영훈 외 4인, "대면적 대상물 변위계측을 위한 스테레오 카메라 3차원 DIC 시스템 기초설계 및 검증에 관한 연구", 대한화약발파공학회지 제38권 제2호, 2020년 6월, pp.1~12

황재호, "자율주행을 위한 센서 기술동향", 한국자동차공학회, 2020

나무위키, "Global Positioning System", 2022

LUMOS MAXIMA, "GPS 이론_GNSS, RTK 등", 네이버 블로그, 2022

임헌국, "자율주행 차량 영상 기반 객체 인식 인공지능 기술 현황", 한국정보통신학회 Vol.25, 2021

이주열, "인공지능 이미지 인식 기술 동향", TTA저널 187호 p.44, 2020 1/2월호

국토부, "자동차 안전도 평가시험에 관한 규정 [별표 15] 고속모드 비상자동제동장치 안전성 시험방법 및 평가방법", 2021

국토부, "자동차 안전도 평가시험에 관한 규정 [별표 16] 시가지모드 비상자동제동장치 안전성 시험방법 및 평가방법", 2021

국토부, "자동차 안전도 평가시험에 관한 규정 [별표 17] 조절형 최고속도제한장치 안전장치 시험방법 및 평가방법", 2021

국토부, "자동차 안전도 평가시험에 관한 규정 [별표 18] 보행자감지모드 비상자동제동장치 안전성 시험방법 및 평가방법", 2021

국토부, "자동차 안전도 평가시험에 관한 규정 [별표 20] 사각지대감시장치 안전성 시험방법 및 평가방법", 2021

국토부, "자동차 안전도 평가시험에 관한 규정 [별표 21] 차로유지지원장치 안전성 시험방법 및 평가방법", 2021

국토부, "자동차 안전도 평가시험에 관한 규정 [별표 22] 지능형 최고속도제한장치 안전성 시험방법 및 평가방법", 2021

국토부, "자동차 안전도 평가시험에 관한 규정 [별표 23] 후측방접근경고장치 안전성 시험방법 및 평가방법", 2021

국토부, "자동차 안전도 평가시험에 관한 규정 [별표 25] 자전거탑승자 비상자동제동장치 안전성 시험방법 및 평가방법", 2021

국토부, "자동차 안전도 평가시험에 관한 규정 [별표 26] 야간저조도 보행자감지모드 비상자동제동장치 안전성 시험방법 및 평가방법", 2021

국토부, "자동차 및 자동차 부품의 성능과 기준에 관한 규칙 [별표 6의2] 조향장치에 대한 기준", 2021

국토부, "자동차 및 자동차 부품의 성능과 기준에 관한 규칙 [별표 27] 부분 자율주행시스템의 안전기준", 2021

국토부 보도자료, "세계 최초 부분자율주행차(레벨3) 안전기준 제정", 2020.01.06.

국토부, "도로의 구조·시설 기준에 관한 규칙 (약칭 : 도로구조규칙)", 2021

박균성외 1인, "프랑스와 일본의 도로교통법", 한국법제연구원, 2002

카롱이, "좌회전/우회전 차로에서 직진해도 될까?", 티스토리 마카롱블로그, 2020

양우일, "어린이 통학버스 특별보호에 대해 아는가?", 소셜포커스, 2021

㈜네오정보시스템, "RTK-GNSS SYSTEM for Driver's License Test", 2022

산업통상자원부, "자율주행자동차 핵심기술개발사업 RFP", 2017

United Nations, "19. Convention on Road Traffic. Vienna, 8 November 1968", 1968

United Nations, "20. Convention on Road Signs and Signals. Vienna, 8 November 1968", 1968

UN Regulation 157, "Uniform provisions concerngthe approval of vehicles with regards to Automated Lane Keeping Systems", UNECE, 2021

부 록

부록 1. 운전면허 시험관 대상 설문조사지

운전면허시험 채점 자동화 연구를 위한 설문 조사
- 자율주행차량 센서기반 운전면허시험 채점 자동화 연구 -

안녕하십니까?

　교통과학연구원에서는 운전면허시험 채점 자동화 방안에 대한 연구를 수행 중에 있습니다. 기존의 채점시스템에 대한 현황을 파악하고, 제4차 산업혁명 시대를 맞이하여 현재 개발 중인 **자율주행기술을 접목하여 채점 자동화 확대를 위한 방안 연구**를 수행하고 있습니다. 이와 관련하여 기초연구에 필요한 사항을 분석하고자, 바쁘신 와중에도 **운전면허시험 감독관님들**의 의견을 대해 질문 드리고자 하오니 협조를 부탁드립니다.

　본 조사에 응답해 주신 내용은 통계법 제 33조 및 제 34조에 의해 비밀이 보장되고, 기본연구과제를 위한 자료 분석 목적으로만 사용됩니다. 현장에서 필요로 하는 수요를 종합·반영하여 향후 운전면허시험 채점시스템의 개선과 공정성 향상에 기여하고자 합니다. 이에 조사 문항에 대한 신중한 검토를 부탁드립니다. 감사합니다.

2022년 11월

담당자 : 도로교통공단 강윤원 수석연구원(033-749-5401, ywkang@koroad.or.kr)

A. 연구를 위한 통계 처리를 위한 기초조사 항목입니다.

A1. 귀하의 성별은? (해당 항목 √)

　① 남성　　　　　　　　　　　② 여성

A2. 귀하의 연령은? (해당 항목 √)

　① 20대　　② 30대　　③ 40대　　④ 50대 이상

A3. 귀하의 시험관 근무 경력은? (해당 항목 √)

　① ~ 5년 미만　② 5년 이상 ~ 10년 미만　③ 10년 이상 ~ 15년 미만　④ 15년 이상

A4. 귀하의 직급은? (해당 항목 √)

　① 교통직　　② 5~7급　　③ 3~4급　　④ 2급 이상

자율주행차량 센서 기반 운전면허시험 채점 자동화 연구

B. 운전면허 「장내기능시험」과 관련된 사항입니다. 작성 부탁드립니다.

B1. 다음 <표>는 장내기능시험 채점항목입니다. 「도로교통공단(2021), 운전면허시험 매뉴얼」에 명시된 전자 채점방법과 관련하여 개정이 필요하다고 생각하시는 항목의 번호를 2개 선택하여 주시고, 그 이유를 간략히 적어주시기 바랍니다.

채점항목 번호	개정 사유
( )	
( )	

<표> 제1, 2종 보통면허 장내기능시험 채점항목 (운전면허시험 매뉴얼)

감점항목	감점행위	감점항목	감점행위	감점항목	감점행위
출기본 조작	1. 기어변속	기본 주행	9. 신호교차로	실격	17. 경사로 미정지, 직각주차 확인선 미접촉, 가속코스미변속 등
〃	2. 전조등 조작	〃	10. 직각주차	〃	18. 경사로 30초 이내 미통과, 후방 1미터 이상 밀린 경우
〃	3. 방향지시등 조작	〃	11. 방향지시등 작동	〃	19. 신호교차로 신호위반, 정지선 침범
〃	4. 앞유리창닦이기 조작	〃	12. 시동상태 유지	〃	20. 안전사고 또는 연석 접촉
〃	5. 돌발상황에서 급정지	〃	13. 전체 지정시간 준수	〃	21. 시험관 지시 통제 불응(마약/약물 등)
기본 주행	6. 경사로 정지 및 출발	〃	14. 차로준수		
〃	7. 좌회전 또는 우회전	실격	15. 좌석안전띠 미착용		
〃	8. 가속코스	〃	16. 30초 이내 미출발		

B2. 다음은 장내기능시험에 사용되는 센서의 종류입니다. 현재 사용 중에 불편한 점이나 문제가 있다고 생각되는 센서가 있으면 선택하여 주시고, 그 내용을 적어주시기 바랍니다. (해당 항목 √)

장내기능시험용 센서	센서사진	불편 사항 및 문제점 (없으면 생략 가능)
① 자석 감지용 센서 : 시험장 노면에 매설된 확인선을 감지하기 위한 센서, 차량에 설치하여 차량이 통과하면서 통과 여부 인식		
② 확인선(영구자석) 센서 : 출발선, 횡단보도·교차로·건널목의 정지선, 경사로, 직각주차 등 각 과제의 노면바닥 지하에 매설하여 차량이 통과하거나 접촉하면 감지, 소요시간을 측정		
③ 검지선(공기압) 센서 : 굴절코스, 직각주차 코스 등을 수행하는 과정에서 시험 차량의 바퀴가 코스의 접촉여부를 확인할 수 있도록 황색실선 바깥쪽에 설치		
④ 이동거리 측정용 센서 : 시험차량의 트랜스미션에 연결된 거리계 케이블에 장착되어 차량의 전후진 이동거리를 측정		
⑤ 기어변속 감지용 센서 : 기어변속 행위를 감지하는 센서로서 기어변속레버에 연결 설치되어 운전자의 기어변속 행위를 감지		

B3. 「장내기능시험」 전자 채점시스템과 관련하여 전반적으로 개선이 필요한 사항은 무엇이라고 생각하십니까? (해당 항목 √)

① 채점 영상기록의 도입   ② 채점시스템 잦은 고장   ③ 채점시스템 자동화 개선

④ 채점시스템 첨단기능 도입   ⑤ 기타 (   )

부록

C. 운전면허 「도로주행시험」 과 관련된 사항입니다. 작성 부탁드립니다.

C1. 다음 <표>는 도로주행시험 자동 및 반자동 채점항목입니다. 채점기준 및 채점방법과 관련하여 개선이 필요하다고 생각하시는 항목 번호를 2개 선택하여 주시고, 그 내용을 적어주시기 바랍니다.

채점항목 번호	채점기준 및 채점방법 개선 내용
( )	
( )	

<표> 제1, 2종 운전면허 도로주행시험 자동 및 반자동 채점항목

구 분	채점항목
출발전 준비	1. 주차브레이크 미해제
〃	2. 차문 닫힘 미확인
출발	3. 10초내 미시동
〃	4. 급조작/급출발
〃	5. 시동장치조작미숙
〃	6. 20초내 미출발
〃	7. 신호안함
〃	8. 신호계속
운전자세	9. 정지중 기어 미중립
가속 및 속도유지	10. 엔진정지
〃	11. 가속불가

구 분	채점항목
가속 및 속도유지	12. 저속
〃	13. 속도유지불능
제동 및 정지	14. 엔진브레이크 사용 미숙
〃	15. 정지 때 미제동
〃	16. 급브레이크 사용
주행종료	17. 종료 주차브레이크 미작동
〃	18. 종료 엔진 미정지
실격	19. 현저한 운전능력 부족
〃	20. 보호구역 지정속도 위반
〃	21. 지정속도 위반
〃	22. 좌석안전띠 미착용

C2. 다음 <표>는 도로주행시험 수동 채점항목입니다. 채점기준 및 채점방법과 관련하여 개선이 필요하다고 생각하시는 항목 번호를 2개 선택하여 주시고, 그 내용을 적어주시기 바랍니다.

채점항목 번호	채점기준 및 채점방법 개선 내용
( )	
( )	

<표> 제1, 2종 운전면허 도로주행시험 수동 채점항목

감점항목	감점행위
출발전 준비	1. 차량점검 및 안전미확인
출발	2. 주변 교통 방해
〃	3. 심한 진동
〃	4. 신호 중지
제동 및 정지	5. 제동 방법 미흡
조향	6. 핸들 조작 미숙 또는 불량
차체감각	7. 우측 안전 미확인
〃	8. 1미터 간격 미유지
통행구분	9. 지정차로 준수 위반
〃	10. 앞지르기 방법 등 위반
〃	11. 끼어들기 금지
〃	12. 차로유지 미숙

감점항목	감점행위
진로변경	13. 진로변경 때 안전 미확인
〃	14. 진로변경 신호 불이행
〃	15. 진로변경 30미터전 미신호
〃	16. 진로변경 신호 미유지
〃	17. 진로변경 신호 미중지
〃	18. 진로변경 과다
〃	19. 진로변경 금지 장소 변경
〃	20. 진로변경 미숙
〃	21. 서행 위반
교차로통행	22. 일시정지 위반
〃	23. 교차로 진입 통행 위반
〃	24. 신호차 방해

감점항목	감점행위
교차로통행	25. 꼬리 물기
〃	26. 신호 없는 교차로 양보 불이행
〃	27. 횡단보도 직전 일시 정지
주행종료	28. 종료 주차 확인 기어 미작동
실격	29. 안전거리 미확보, 교통사고 위험야기
〃	30. 시험관의 이행지시 불응
〃	31. 신호지시위반
〃	32. 보행자 보호 위반
〃	33. 중앙선 침범
〃	34. 긴급자동차 진로 미양보
〃	35. 어린이 통학버스 보호 위반

자율주행차량 센서 기반 운전면허시험 채점 자동화 연구

C3. 다음은 2021년 통계상으로 수동 채점이 거의 되지 않는 항목 6개에 대한 사항입니다. 거의 채점하지 않는 그 이유에 대해 선택하여 주시기 바랍니다. (해당 항목 √)

C3-1 신호 중지 : 출발 후 차로 진입 끝나기 전에 방향지시등을 끈 경우

① 미발생   ② 채점기준 모호   ③ 채점방법 부재

④ 기타 (   )

C3-2 앞지르기 방법 등 위반 : 다른 차량의 앞지르기 고의 방해, 방법 위반, 금지 장소 위반 등

① 미발생   ② 채점기준 모호   ③ 채점방법 부재

④ 기타 (   )

C3-3 끼어들기 위반 : 합류지점, 우회전 시 차량 정체 등을 이유로 우회전 가까운 곳에서 끼어들기 시도

① 미발생   ② 채점기준 모호   ③ 채점방법 부재

④ 기타 (   )

C3-4 신호 없는 교차로 양보 불이행 : 선진입차, 넓은 도로차, 우측차 우선 (단, 서로간 우선순위 없음)

① 미발생   ② 채점기준 모호   ③ 채점방법 부재

④ 기타 (   )

C3-5 긴급자동차 진로 미양보 : 교차로(일시 정지), 그 외 장소(진로 양보) 위반

① 미발생   ② 채점기준 모호   ③ 채점방법 부재

④ 기타 (   )

C3-6 어린이통학버스 보호 위반 : 스쿨버스 승하차 표시 장치 작동 중일 때 일시정지하여 안전 확인 후 서행(왕복 2차로에서는 반대 방향도 적용)

① 미발생   ② 채점기준 모호   ③ 채점방법 부재

④ 기타 (   )

※ 보기에 대한 참조 사항
  ① 미발생 : 도로주행시험 중에 응시자가 위반하는 경우가 발생하지 않음
  ② 채점기준 모호 : 도로교통법 등에서 명시된 채점기준이 명확하지 않음
  ③ 채점방법 부재 : 채점기준은 명확하나, 거리 측정이나 차선 위반 등을 확인이 어려운 경우
  ④ 기타 : 위 사항 중 해당되지 않은 사유

부 록

C4. 다음은 현재 운전면허시험 매뉴얼에 반영되어 있지 않은 「긴급차량과 어린이통학버스」에 대한 채점기준에 대한 사항입니다. 귀하의 의견을 선택하여 주시기 바랍니다. (해당 항목 √)

C4-1 긴급자동차 진로 양보와 관련하여 소방청 긴급자동차 길터주기 요령은 다음과 같습니다. 방향지시등 작용 여부와 차로준수에 대해 반영여부에 대해 선택하여 주십시오.

① 반영 불필요   ② 방향지시등만 반영   ③ 차로준수만 반영   ④ 방향지시등/차로준수 모두 반영

C4-2 현재 어린이통학버스 보호와 관련하여 시험차량의 차로 위치에 대한 일시정지 기준이 없습니다. 편도 3차로 이상 도로에서 일시정지 여부를 적용할 차로 위치에 대해 선택하여 주시기 바랍니다.

① 스쿨버스 뒷 차로만   ② 스쿨버스 인접차로까지만   ③ 해당 방향 차량 모두 정지
④ 기타 (   )

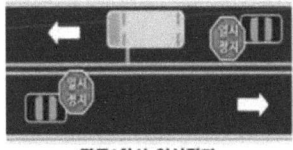 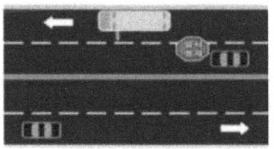 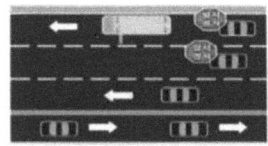

C5. 다음은 현재 도로교통법상 기준을 바탕으로 애매모호한 채점기준에 대한 사항입니다. 귀하의 의견을 선택하여 주시기 바랍니다. (해당 항목 √)

C5-1 서행 위반과 관련하여 차량 속도를 어느 정도 감속해야 하는지에 대한 의견을 선택하여 주시기 바랍니다.

① 약 30% 감속   ② 약 40% 감속   ③ 약 50% 감속   ④ 5 km/h 이하

C5-2 "횡단보도 직전 일시정지 위반"과 관련하여 서행 위반과 정지선 침범 시 적용하도록 명시하고 있습니다. 도로교통법상 횡단보도에서 보행자가 없는 경우 일시정지 의무가 없습니다. 따라서 채점항목 명칭과 내용을 변경할 필요에 대해 의견을 선택하여 주시기 바랍니다.

① 변경 불필요   ② 횡단보도 서행 위반   ③ 횡단보도 침범 위반
④ 횡단보도 서행 및 침범 위반   ⑤ 기타 (   )

자율주행차량 센서 기반 운전면허시험 채점 자동화 연구

C5-3 신호지시 위반과 관련하여 직진, 좌·우회전, 유턴 등을 금지하는 노면표시가 있는 경우에만 실격처리하는 것으로 해석하고 있습니다. 이와 관련하여 "교차로 방향별 노면표시 위반"에 대한 채점 변경에 대한 의견을 선택하여 주시기 바랍니다.

① 현행 유지 (직진 차로 좌회전만 감점)   ② 금지 표시 상관 없이 교차로 진입통행 위반 (7점)

③ 금지 표시 상관 없이 신호지시 위반 (실격)   ④ 기타 (   )

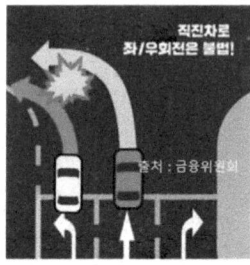

우리나라 지시표시는
국제협약에서는 강제표지로
해당 방향외 통행 금지를 의미

C6. 「도로주행시험」 전자 채점시스템과 관련하여 전반적으로 개선이 필요한 사항은 무엇이라고 생각하십니까?
(해당 항목 √)

① 채점 영상기록의 도입   ② 채점시스템 잦은 고장   ③ 채점시스템 자동화 개선

④ 채점시스템 첨단기능 도입   ⑤ 기타 (   )

- 조사에 응해주셔서 감사합니다. -

강윤원
- 도로교통공단 수석연구원
- 주요연구분야 : 자율주행, 교통안전시설

박성준
- 도로교통공단 책임연구원
- 주요연구분야 : 자율주행, 교통

김태근
- 도로교통공단 책임연구원
- 주요연구분야 : 자율주행, 전자

자율주행차량 센서 기반 운전면허시험 채점 자동화 연구

초판 인쇄 2023년 07월 13일
초판 발행 2023년 07월 17일

저　자 도로교통공단교통과학연구원
발행인 김갑용

발행처 진한엠앤비
주소 서울시 서대문구 독립문로 14길 66 205호(냉천동 260)
전화 02) 364 - 8491(대) / 팩스 02) 319 - 3537
홈페이지주소 http://www.jinhanbook.co.kr
등록번호 제25100-2016-000019호 (등록일자 : 1993년 05월 25일)
ⓒ2023 jinhan M&B INC, Printed in Korea

ISBN 979-11-290-4991-9　(93530)　　[정가 13,000원]

☞ 이 책에 담긴 내용의 무단 전재 및 복제 행위를 금합니다.
☞ 잘못 만들어진 책자는 구입처에서 교환해 드립니다.
☞ 본 도서는 [공공데이터 제공 및 이용 활성화에 관한 법률]을 근거로 출판되었습니다.